かんたん
IT基礎講座

ゼロからわかる Java 超入門 改訂3版

佐々木整［著］

技術評論社

ご注意

ご購入・ご利用の前に必ずお読みください。

- 本書に記載された内容は、情報の提供のみを目的としています。したがって、本書を用いた運用は、必ずお客様の責任と判断によって行ってください。これらの情報の運用の結果について、技術評論社および著者はいかなる責任も負いません。
- 本書の情報は、2020年6月現在のものを記載していますので、ご利用時には変更されている場合もあります。ソフトウェアに関する記述は、特に断りのない限り、2020年6月現在のバージョンを元にしています。ソフトウェアはバージョンアップされる場合があり、本書での説明とは機能内容や画面図などが異なってしまうこともあり得ます。本書ご購入の前に、必ずバージョン番号をご確認ください。
- 本書の内容およびサンプルダウンロードに収録されている内容は、次の環境にて動作確認を行っています。

  OS　：　Windows 10
  Java　：　Java 14

  上記以外の環境をお使いの場合、操作方法、画面図、プログラムの動作などが本書内の解説内容と異なる場合があります。あらかじめご了承いただいた上で、本書をご利用ください。
- サンプルダウンロードのプログラムコードの実行などの結果、万一障害が発生しても、弊社及び著者は一切の責任を負いません。あらかじめご了承ください。
  サンプルダウンロードをご利用の場合、P.10の「サンプルダウンロードについて」を必ずお読みください。
  お読みいただかずにプログラムをご利用になった場合のご質問や障害には一切対応いたしません。ご了承ください。
- サンプルダウンロードのデータの著作権はすべて著者に帰属しています。本書をご購入いただいた方のみ、個人的な目的に限り自由にご利用いただけます。

はじめに

この原稿を書いている時点では、コロナ禍の影響で臨時休校が続いていますが、2020年は小学校でもプログラミング教育が必修化される年です。高度情報化社会といわれて久しいですが、コンピュータはあれば便利というものから、私たちの暮らしに必要不可欠なものとなりました。それに伴って、コンピュータを使いこなす能力が必要になっています。プログラミングはコンピュータを使いこなすために欠くことのできないものなのです。Javaは、Androidスマートフォン用のアプリケーションやデスクトップアプリケーション、サーバで動作するものなど、非常に利用場面が広い言語ですから、コンピュータを使いこなすことができる場面もとても多くなることでしょう。

本書は、Javaに限らずはじめてプログラミングを行う方を対象に、「超」入門という基本コンセプトを元にしながらも、今後のJavaの進化にも柔軟に対応できるようJavaの最新技術を可能な限り取り込みました。Javaプログラミングをはじめるための環境の整備から、プログラムの入力や文法エラーの修正、動作確認という一連の流れを体験することから、制御構造、ファイルの入力や例外処理までを段階的に学習できる構成にしています。また、文章による説明だけでなく、その内容を実際にプログラミングして動作確認ができるようにしています。

そのため、説明が冗長だったり、ほとんど差のないサンプルプログラムが数多く存在したりしています。「もうわかっている」とか「同じようなプログラムを何度も入力するのは面倒くさい」と思う方もいらっしゃるかもしれませんが、是非プログラムを1つずつ入力して動作確認を行い、プログラムの僅かな違いがどのような実行結果の違いを生むかなどを実際に体験・確認をして頂きたいと思っています。また、サンプルプログラムは本書のサポートページからダウンロードすることができますので、もしサンプルプログラムを入力してもうまく動かない場合は、ダウンロードしたものと比較をして、どこが異なっているかを考えてみてください。きっと、新しい発見や理解の深化があるはずです。

本書を通じて、Javaに限らずプログラミングの面白さや奥深さを感じて頂ければ、著者として大変うれしく思います。

末筆になりますが、様々なご意見やご質問をお寄せ頂きました「ゼロからわかるJava超入門」・「ゼロからわかるJava超入門［改訂新版］」の読者の皆様に御礼申し上げます。この改訂3版を執筆するにあたって、大変参考になりました。また、JDK 14とJDK 14ではプレビューリリースになっている一部の機能への対応のチャンスを与えて頂きました、技術評論社書籍編部の土井清志氏に感謝申し上げます。

2020年5月　佐々木　整

目次

CHAPTER 5
データの保管

CHAPTER 6 条件判断

CHAPTER 7 繰り返し処理

CHAPTER 8
データの入力

サンプルダウンロードについて

本書にて解説しているプログラムコードは次のURLからダウンロードして利用することができます。

http://gihyo.jp/book/2020/978-4-297-11484-8/support

プログラムコードはzip形式で圧縮されており、ご自身で解凍してご利用ください。
圧縮ファイルを解凍すると、以下のフォルダーが作成されます。

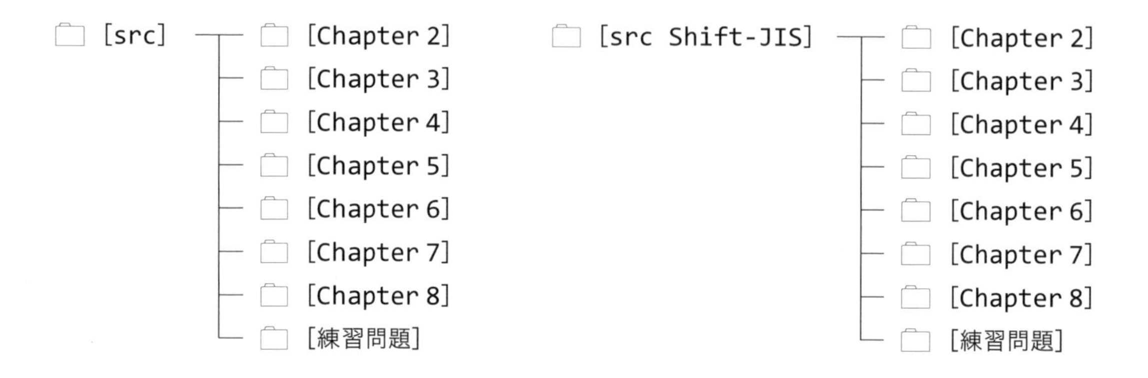

[src]フォルダーには文字コードがUTF-8のソースファイルが保存されています。また[src Shift-JIS]フォルダーには文字コードがShift-JISのソースファイルが保存されています。文字コードの違い以外、どちらのフォルダーにも同じソースファイルが保存されています。

なお、[src]フォルダーに保存されているUTF-8のソースファイルでは、プログラム中に日本語を使用しているものは、コンパイル時にエラーが出ることがあります。そのような場合は、javacのオプション-encoding UTF-8を指定してコンパイルを行ってください。詳しくはP.106を参照してください。

これらのフォルダーはChapter 3が3章にChapter 4が4章に対応しているように、各章にそれぞれ対応しています。

[練習問題]フォルダーには各章末にある練習問題およびその回答に対応するプログラムコードが保存されています。

また、本書で扱っているすべてのプログラムコードがサンプルダウンロードに含まれているわけではありません。ご了承ください。

CHAPTER

1

Javaでプログラミングをはじめる前の準備

皆さんはプログラミング言語と聞いてどんな印象を受けるでしょうか?「難しそう」「私にはできない」そんな声が聞こえてきそうです。

しかし、プログラミング言語はその特徴と文法を理解しさえすれば誰にでも理解できるものです。その中でもJavaは、プログラムコードがわかりやすくコンパクトであるという特徴を持っています。プログラムをこれからはじめてみたいという人にはとても学びやすく、理解しやすい言語といえます。

そもそもプログラムやプログラミング言語とはいったいどういうものなのか? その中でJavaはどのような特徴を持っているのか? Javaのプログラミングを行うためには、どんな準備が必要なのか? を学ぶことにより、プログラミング言語を学習する第一歩を踏み出すことにしましょう。

1-1 プログラミング言語Java

コンピューターはただの機械です。SF映画のロボットのように、何も指示をしなくても自分で考え行動するというものではありません。コンピューターに何かをさせるには、すべて人間が指示を与えないといけません。コンピューターを起動するだけでも、電源スイッチを押す必要があるのですから。

1-1-1 プログラミング言語

人間がコンピューターに指示を与えるためには、コンピューターにさせたい仕事の内容を記述した**プログラム**を作成し、指示内容をコンピューターに知らせる必要があります。

このプログラムを作成するときに使う言葉を**プログラミング言語**と呼びます(図1-01)。

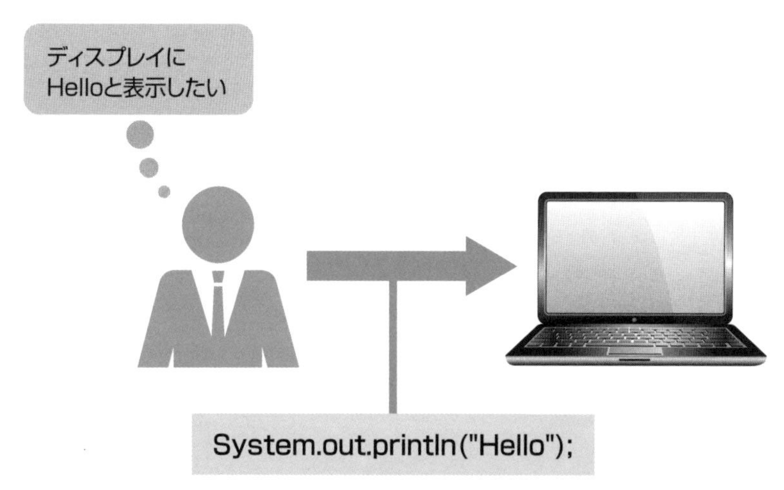

●図1-01　プログラミング言語とは

これらのプログラミング言語は、日本語や英語のように、文法や用途によって、それぞれ特徴が異なり、使用するシステムの仕様によってどの言語を選択するのかが決まります。

Java(ジャヴァ)はプログラミング言語の1つで、1995年に発表された比較的新しい言語です。**オブジェクト指向**という新しいプログラム設計手法に基づいていることが、その大きな特徴といえるでしょう。

TIPS

オブジェクト指向は、プログラムの開発技法の1つです。開発の効率化とプログラムの再利用を主な目的としています。本書では、詳しくは触れませんがJavaを学習する上で非常に重要な技法です。Java学習の段階を追って、習得していくよう心がけましょう。

1-2 プログラム動作の仕組み

Javaで記述されたプログラムは、様々なコンピューターでも動作します。なぜそのようなことが可能なのでしょうか。ここでは、Javaのプログラムが動作する仕組みについて説明します。

1-2-1 プログラムが動作するまで

Javaをはじめ、プログラミング言語には様々な種類があります。目的やコンピューター環境に応じてプログラミング言語を選び、プログラムを作成します。

しかし、コンピューターはすべてのプログラミング言語を理解しているわけではありません。実はコンピューターが理解できる言語は、**マシン語**（**機械語**）といわれる0と1だけで記述された言葉のたった1つしかないのです。

人間がマシン語を理解したりマシン語でプログラムを作成することは、他のプログラミング言語に比べ非常に困難です。そこで、人間が理解しやすいプログラミング言語でプログラムを書き、それをマシン語に変換をすることで、コンピューターに命令を与えます（図1-02）。私たちの世界でいえば、通訳を介して外国人と話したり、外国語の本を翻訳して読むようなものです。

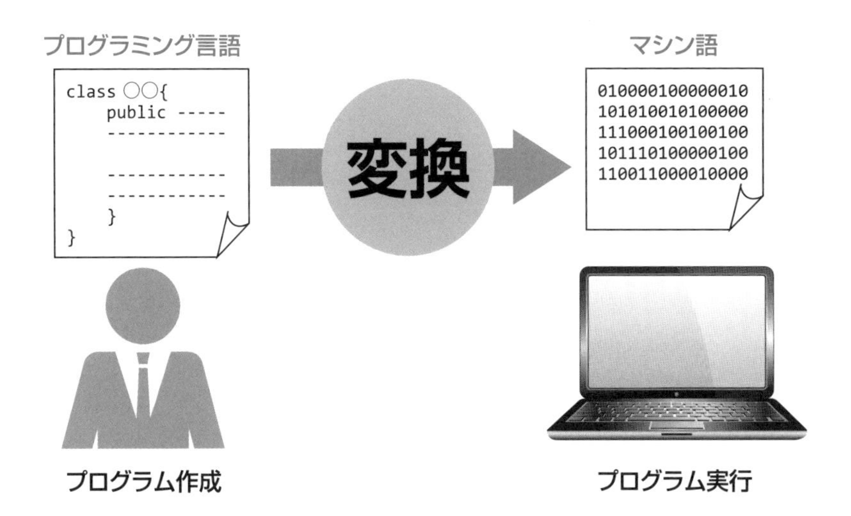

●図1-02　マシン語

このような変換は、**インタープリター**や**コンパイラー**というプログラムで実行されます。

インタープリターは、マシン語への同時通訳を行います。プログラムの実行中、必要な部分を随時、マシン語に変換しコンピューターに伝えます。当然、同じプログラムであっても実行するたびに通訳が必要になります。

一方、**コンパイラー**はマシン語へ一括翻訳を行います。プログラムの実行前に、すべてのプログラムをマシン語に変換し、その結果をコンピューターに渡します。プログラムの内容が同じなら、一度コンパイル（翻訳）してしまえば、再び翻訳をする必要はありません（**図1-03**）。

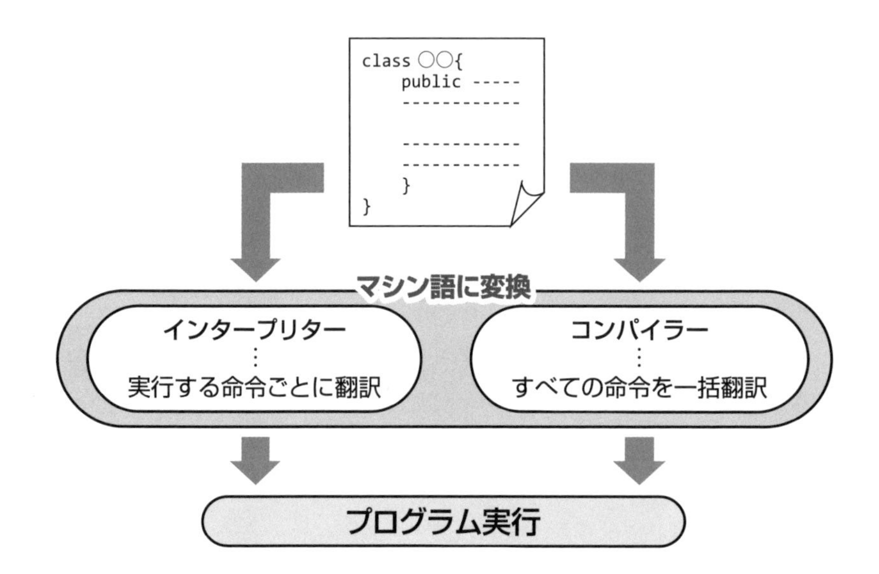

●**図1-03　インタープリターとコンパイラー**

しかし、マシン語はコンピューターの頭脳であるCPUによって異なっており、統一されたものではありません。使用するコンピューターが異なればマシン語も異なる可能性があるのです。そのため、Windowsで動くプログラムを、そのままMacで動かすことはできません。

このような理由から、同じ機能を持つプログラムであっても、それを動作させるコンピューターに合わせて、個別にプログラムを作成する必要があったのです。

1-2-2 Javaプログラムを動かすための仕組み

しかし、Javaは1つのプログラムを様々なマシンで動作させることができます。実は、Javaのプログラムを動かしているコンピューターは、WindowsやMacなどのあなたが普段使用しているコンピューターではないのです。

Javaではそれぞれのコンピューター(ハードウェア)上に、仮想のコンピューターをソフトウェアで作り動かしています。Javaのプログラムを理解するもう1つのコンピューターを、実際のコンピューターの中に作っているのです。Javaプログラムが動作するこの仮想的なコンピューターのことを、**Javaバーチャルマシン**(**Java Virtual Machine**)といい、略して**Java VM**(ジャヴァブイエム)、あるいは**JVM**(ジェーブイエム)と呼びます(**図1-04**)。

● **図1-04　Javaのバーチャルマシン**

その仮想的なコンピューターでJavaのプログラムを動作させているので、使用しているコンピューターに関係なくJavaが動作しているように見えるのです。

そのため、WindowsやMacなどのコンピューターに、それぞれのJava　VMがインストールされていれば、1つのJavaプログラムをWindowsでもMacでも動作させることができ、それぞれのマシンに合わせてプログラムを書き直す必要がないのです。

1-3 JDKのインストール手順

ここでは、Javaのプログラムを作成する上で必要なプログラムなどの導入の仕方について説明していきます。

1-3-1 プログラム開発環境

Javaのプログラムを作るためには、まずPCの環境を整えなければなりません。パソコンで文章を作成しようとしたらワープロソフトが必要なのと同じように、Javaのプログラムを作成したり実行するためには、そのためのソフトウェアをインストールする必要があります。

EclipseやNetBeansなど、Javaプログラムの開発を行うための様々なソフトウェアが公開されていますが、本書では、無償でOracle社が提供している**JDK**(**Java SE Development Kit**)のインストール方法について説明します。

TIPS

Eclipse（エクリプス）などについてはP.24を参照してください。

1-3-2 JDKのダウンロード

本書では、Javaのリファレンス実装であるOpen JDKを使用していきます。Google ChromeやMicrosoft EdgeなどのWebブラウザを立ち上げて、次のURLを入力してください。**図1-05**のようなページが表示されます。

```
https://jdk.java.net/14/
```

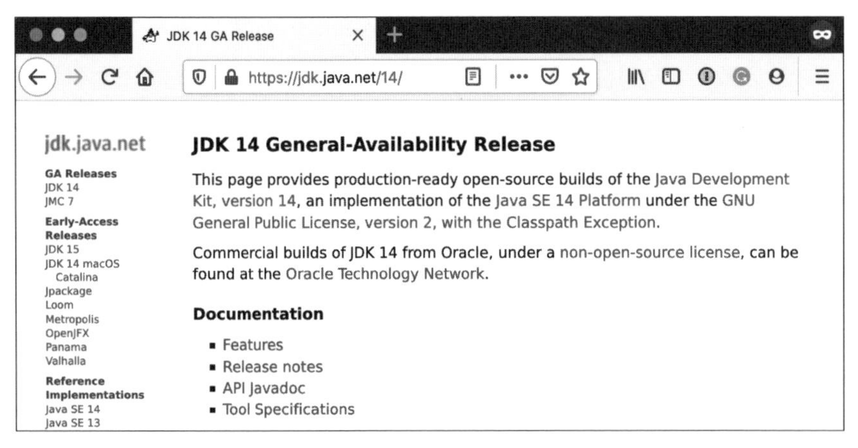

●**図1-05　JDK 14のページ**

TIPS

Open JDKはオープンソースソフトウェアです。ビルド（ソースプログラムから実行可能なプログラムを作成すること）をした会社や団体によって、Oracle Java SEやAmazon Correttoなどの様々なOpen JDKを使用することができます。

このページのWindos/x64のzipをクリックして、ファイルをダウンロードします。

ダウンロードが終わったら、ダウンロード先(特に指定していなければ、「Downloads」フォルダ)に、「openjdk-***_windows-x64_bin.zip」(***の部分はJDKのバージョン番号)があることを確認しましょう(**図1-06**)。

TIPS

JDKは2017年にリリースされたJava SE 9から32bit版は廃止されました。32bit版Windowsを使用している場合は、最新のJDKを使用することができません。

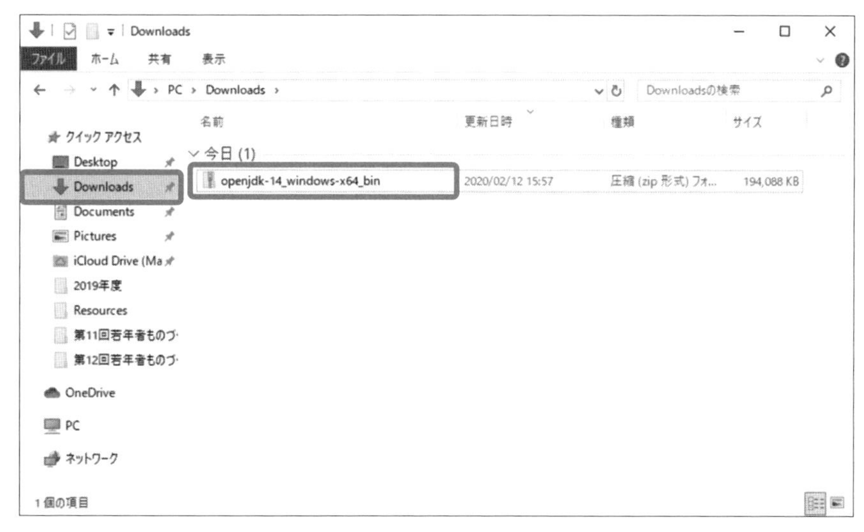

● **図1-06　ダウンロードフォルダの確認**

1-3-3 JDKの展開

「openjdk-***_windows-x64_bin.zip」を右クリックし、メニュー内の「すべて展開(T)...」を選択します(**図1-07**)。

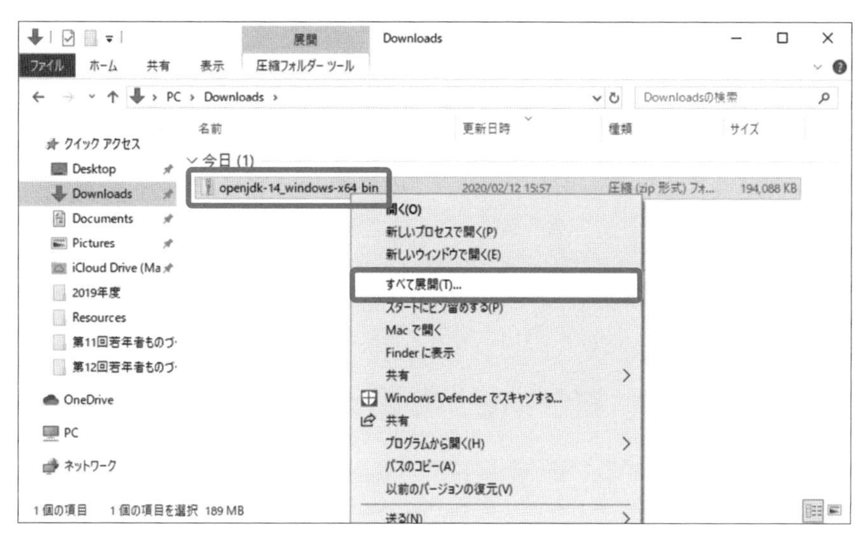

● **図1-07　ZIPファイルの展開**

すると、**図1-08**のように展開先を指定できるようになるので、「ファイルを下のフォルダーに展開する(F)」の下の欄に「C:¥」を入力して右下の「展開(E)」ボタンをクリックします。

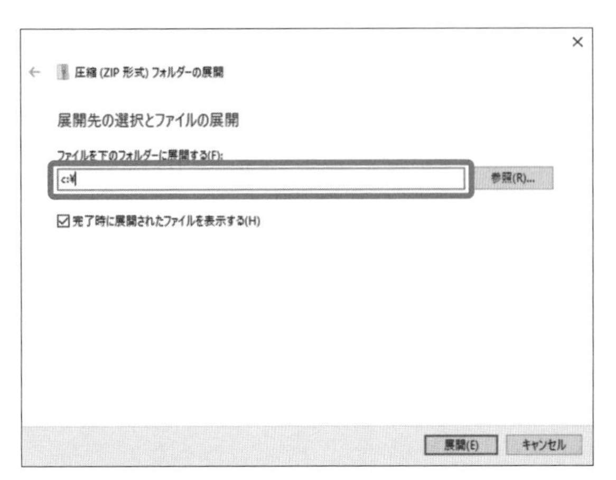

●**図1-08　展開先の指定**

展開が完了すると、Cドライブの直下にjdk-*** (***はバージョン番号) というフォルダが作成されます (**図1-09**)。

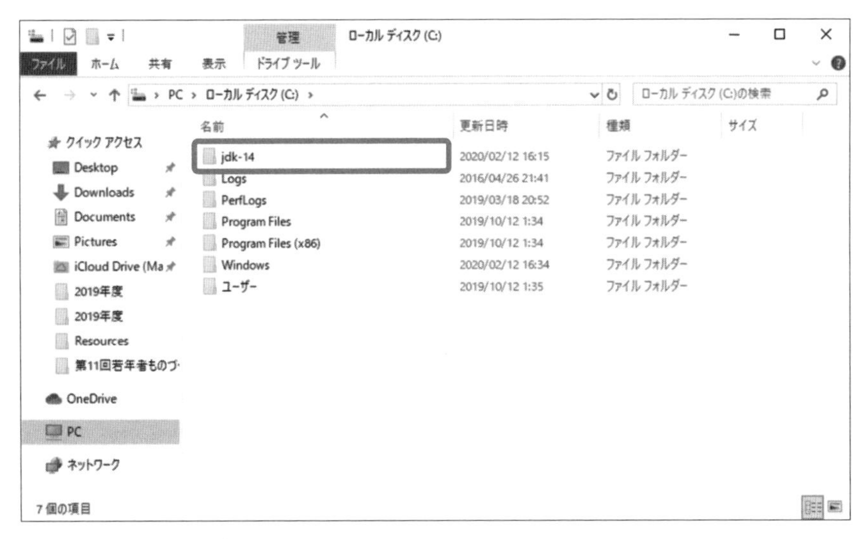

●**図1-09　展開先の確認**

1-3-4 環境変数 (JAVA_HOME) の設定

これでPCのCドライブにJDKが用意されましたが、実際に使えるようにするためには、２つの環境変数を設定しなければなりません。環境変数を設定するために、「タスクバー」の「検索ボックス」に「環境変数」と入力すると、**図**

1-10のような検索結果が表示されます。

●図1-10　検索ボックスによる「環境変数」の検索

ここで「環境変数を編集」を選択してください。すると、次のウィンドウが表示されます（図1-11）。

●図1-11　環境変数の設定画面

この画面が表示されたら、「新規(N)...」をクリックします。すると、次のように変数名と変数値が入力できるようになります。最初に、「変数名(N):」に「JAVA_HOME」と入力します（図1-12）。「_」（アンダースコア）は、右側の Shift キーの左側にあります。「-」（マイナス）ではありませんので、注意してください。

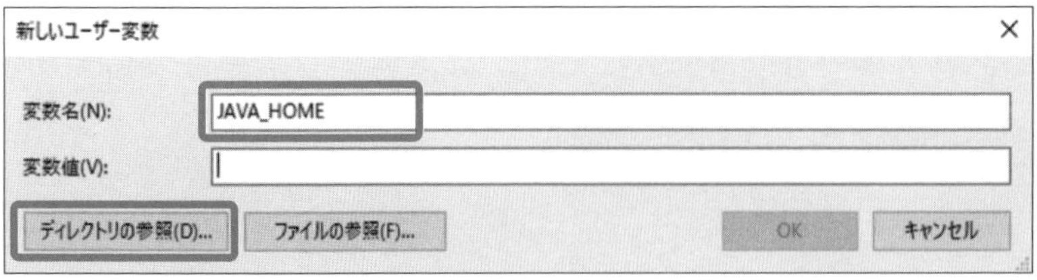

● 図1-12　環境変数名「JAVA_HOME」の入力

次に、「ディレクトリの参照(D)...」ボタンをクリックします。「フォルダーの参照」ウインドウが開くので、1-3-3でJDKを展開したフォルダ「C:¥jdk-***」(***はバージョン番号)を選択します。続いて「OK」ボタンをクリックして、「フォルダーの参照」ウインドウを閉じます。

図1-13のように、変数名と変数値が入力できていたら、「OK」ボタンをクリックしてください。

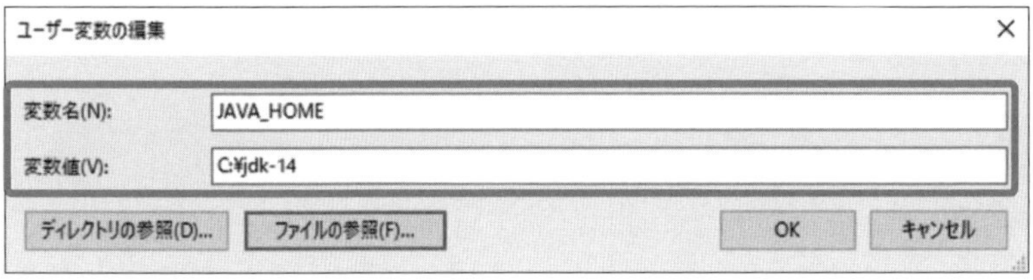

● 図1-13　変数名と変数値の設定

1-3-5 環境変数(PATH)の追加設定

続いて、**図1-14**のように環境変数「Path」をクリックします。Pathの欄が反転表示になったら、「編集(E)...」ボタンをクリックしてください。

●**図1-14　環境変数「Path」の選択**

すると、**図1-15**のようなウインドウが開くので、「新規(N)」ボタンをクリックします。

●**図1-15　環境変数の編集**

続いて、「参照(B)…」ボタンをクリックします。すると、フォルダーを指定できるウィンドウが表示されるので、フォルダー「c:¥jdk-***¥bin」(***はバージョン番号)を選択します(**図1-16**)。

● 図1-16　環境変数の追加

選択ができたら、「OK」ボタンをクリックして、２つの環境変数が正しく設定されているかを確認してください。

確認ができたら、「OK」ボタンをクリックして、環境変数のウインドウを閉じます。

1-3-6 動作確認

JDKのインストールが正しくできたことを確認するために、Javaのプログラムをマシン語に翻訳するプログラムであるjavacを動かしてみましょう。まずは、コマンドプロンプトを起動させます。「検索ボックス」に「cmd」と入力し、コマンドプロンプトを起動させてください（**図1-17**）。

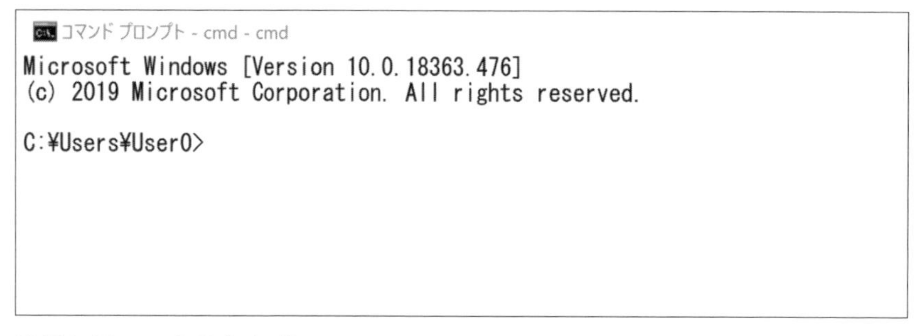

● 図1-17　コマンドプロンプト

コマンドプロンプトが起動したら、**図1-18**のように、「java -version」とタイプをし、Enter キーを押します。

TIPS

コマンドプロンプトの色

本書の画面図ではコマンドプロンプトの画面の色を変更しています。コマンドプロンプトの画面の色を変更する場合、コマンドプロンプトの左上のアイコンをクリックして表示されるメニューから「設定値」を選択します。すると「コンソール ウィンドウのプロパティ」という画面が表示されます。この画面の「画面の色」タブで設定を変更してください。なお、本書の画面図と同じ配色にする場合、「画面の文字」を「黒」に「画面の背景」を「白」に設定します。一度、コマンドプロンプトを終了させて、起動し直すと画面の色が変わります。

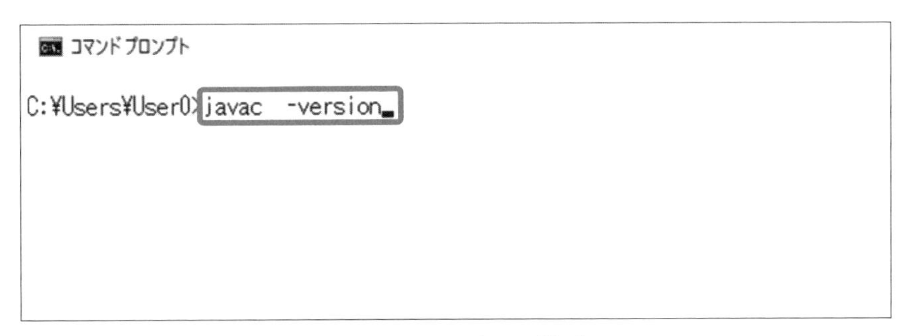

● 図1-18　javaコンパイラの起動（-versionオプション付き）

正しくJDKをインストールできていると、**図1-19**のようにjavacのバージョンが表示されます。もし、バージョンが表示されず、「'javac' は、内部コマンドまたは外部コマンド、操作可能なプログラムまたはバッチ ファイルとして認識されていません。」というようなエラーメッセージが表示される場合は、インストールに失敗していますので、1-3-3からの操作をやり直してください。

なお、コマンドプロンプトを終了する場合、「exit」とタイプし、Enter キーを押します。

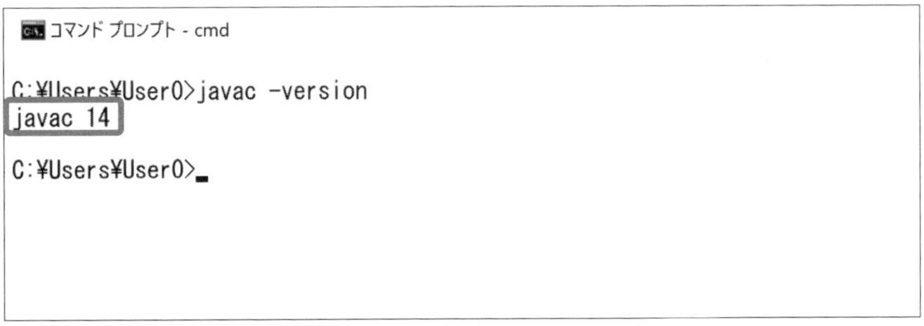

```
コマンド プロンプト - cmd

C:¥Users¥User0>javac -version
javac 14

C:¥Users¥User0>
```

● 図1-19　javacのバージョンの表示

IDE

本書では、メモ帳とコマンドプロンプトを使用してJavaのプログラムを作成、実行していきますが、本格的なプログラム開発には、これらは適しているとはいえません。そのため、本格的にプログラムを開発するときには、プログラミングをサポートする様々なツールが含まれた、IDE（統合開発環境）を利用するのが一般的です。

Javaのプログラム開発では、Eclipse、IntelliJ IDEA、NetBeansの3つがよく使われています。本書の内容をマスターし、次のステップに進む際にはこれらのIDEを活用することをお勧めします。

一方で、簡単にJavaのプログラミングを体験したいときには、オンラインコンパイラ（オンラインIDE）が便利です。プログラムのコンパイルや実行環境をサーバで提供してくれるので、Webブラウザがあれば簡単にJavaプログラミングの学習ができます。単純にプログラムの入力と実行を行うものから、入力支援機能を有するものなど、様々なオンラインコンパイラが公開されているので、興味のある人はためしてみるとよいでしょう。

要点整理

- コンピューターに指示を与えるための言葉をプログラミング言語と呼ぶ。
- プログラムは、マシン語（機械語）という0と1だけで記述された言語に変換する必要がある。
- プログラムをコンピューターが理解できるように翻訳するプログラムを、インタープリターやコンパイラーと呼ぶ。
- Javaのプログラムを作成するためにはJDKをインストールする。
- 「環境変数」ウィンドウから環境変数を設定する。

CHAPTER

2

はじめての Javaプログラミング

Javaのプログラムを開発するための環境は整いましたが、プログラムコードはどこに、どのように記述し、どうやってプログラムを実行するのでしょうか？

また、記述したプログラムコードに誤りがあった場合、どのように対処するのでしょうか？

Javaの文法を学ぶ前に、Javaプログラムを記述し実行するための方法を知る必要があります。そのために2章では、ひとつひとつ手順に沿って、プログラムを動かしてみることにチャレンジしましょう。

2-1 プログラム作成の準備

プログラムの作成には、様々な準備が必要です。手順に沿ってプログラム作成の準備を行っていきましょう。

2-1-1 保存のためのフォルダーの作成

まずは、Javaのプログラムを保存するフォルダーを作成しましょう。本書では、**Cドライブ**のsrcというフォルダー(**C:¥src**)にJavaのプログラムを保存することにします。デスクトップ画面の左下にある「エクスプローラー」をクリックして、**エクスプローラー**を起動します。表示されている内容には多少違いがあると思いますが、おおよそ**図2-01**のようなウィンドウが開きます。

TIPS

srcは、ソースコード(source code)を収めるフォルダーの名称として、Javaに限らず広く利用されています。

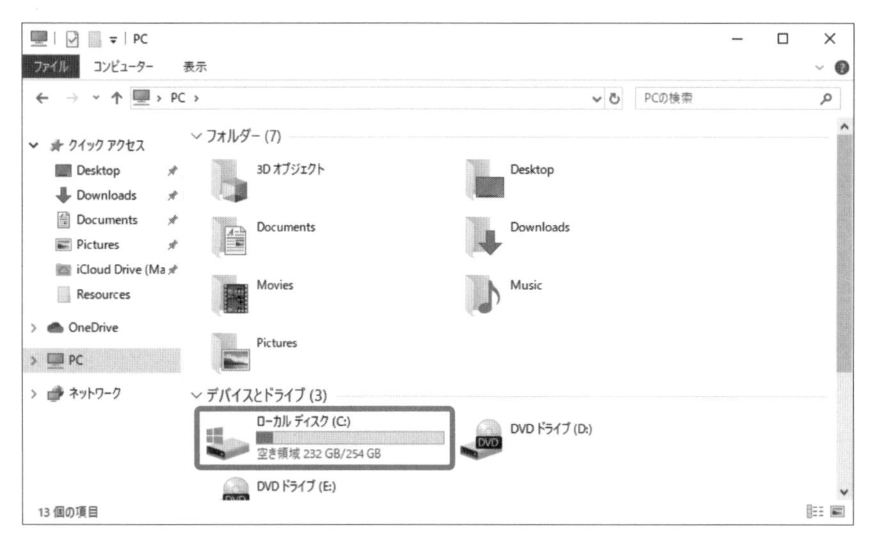

● **図2-01　エクスプローラー**

このウィンドウの中のCドライブ(**C:**)にマウスカーソルを合わせ、ダブルクリックしてください。**図2-02**のように、Cドライブの内容が表示されます。

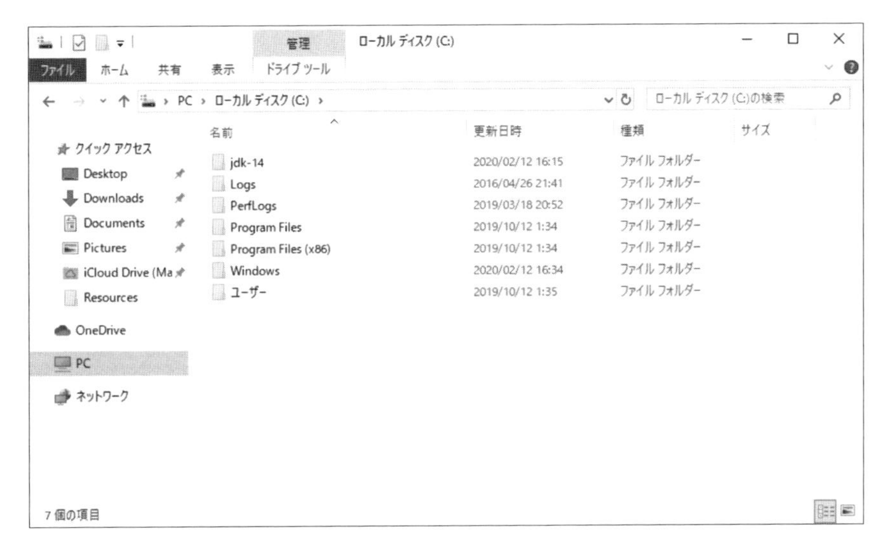

● 図2-02　Cドライブの内容

ここで、エクスプローラーの何もない場所を右クリックします。表示されるメニューの中から「**新規作成**」→「**フォルダー**」を選んでください（**図2-03**）。

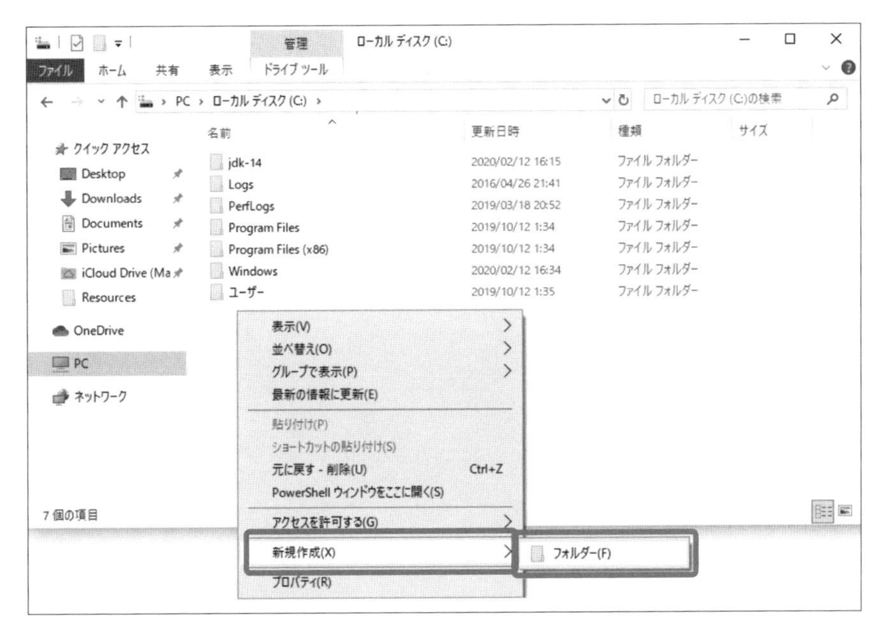

● 図2-03　フォルダー作成メニュー

「**新しいフォルダー**」が作成され、フォルダーアイコンがエクスプローラーに表示されます。新しいフォルダーの名前が入力できる状態で表示されていますので、「**src**」とタイプし Enter キーを押しましょう。**図2-04**のように、Cドライブにsrcという**フォルダー**が作成できました。

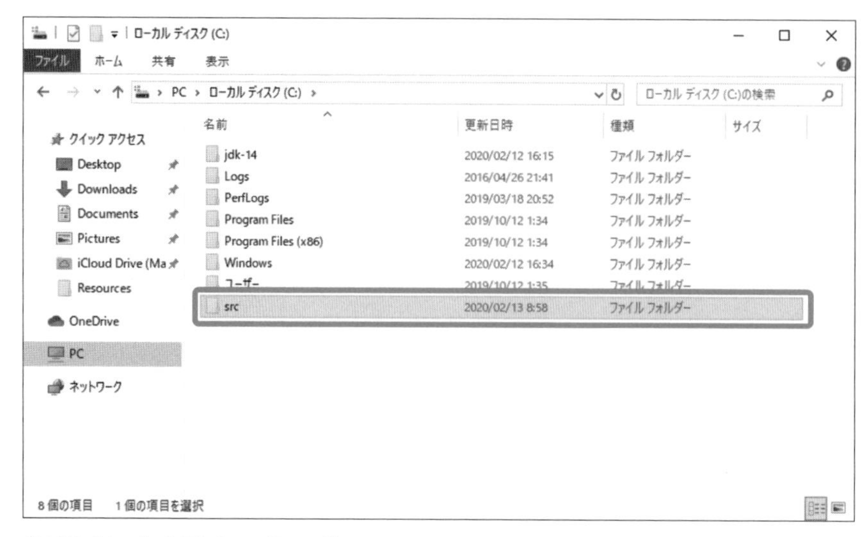

●図2-04　作成されたsrcフォルダー

2-1-2 テキストエディターの起動

Javaのプログラムを格納しておく場所ができましたので、プログラムの作成に入りましょう。一般に、プログラムは**テキストエディター**というソフトウェアを使って入力します。テキストエディターには、フリーのものから市販のものまで、様々なものがありますが、本書ではWindowsに標準で添付されている「**メモ帳**」を使ってプログラムを入力することにします（**図**2-05）。

TIPS

テキストエディターはどれを使っていただいてもかまいません。自分の使いやすいものを選び利用してください。プログラムを記述する際には、例えば、「文字列の検索が容易である」、「カーソルが何行目の何文字目にあるかすぐにわかる」、「バックアップを自動的に行ってくれる」、「字下げを自動的に行ってくれる」、「特定の文字を強調してくれる」などの機能が備わっていると大変便利です。

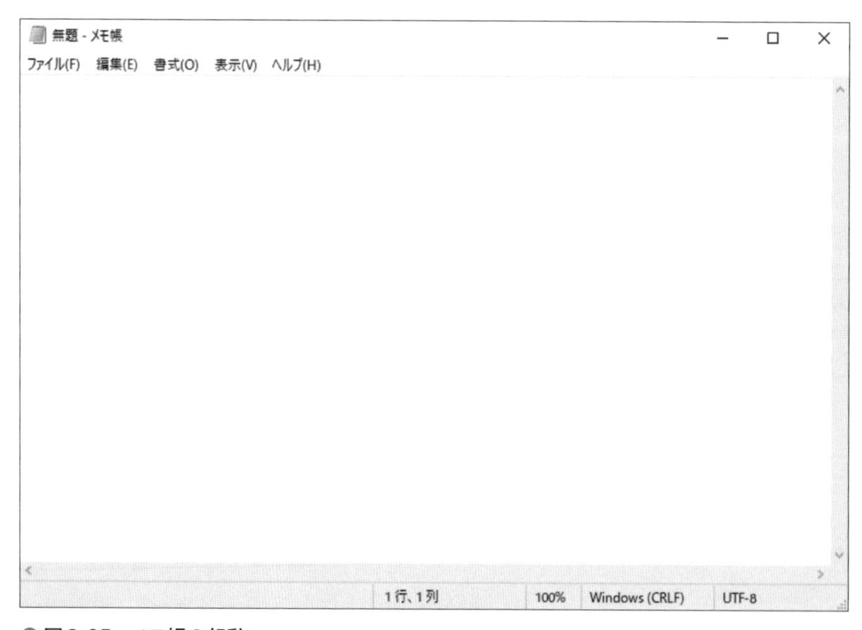

●図2-05　メモ帳の起動

TIPS

メモ帳が見つからない場合、キーとⓇキーを同時に押して、開いた「ファイル名を指定して実行」画面で「notepad」と入力して「OK」をクリックします。するとメモ帳が起動します。

2-2 プログラムの作成

srcフォルダーの作成からメモ帳の起動までのプログラム作成の準備はできたでしょうか？ 次は、Javaのプログラムを入力してみましょう。

2-2-1 ソースプログラムの入力

コンピューターに指示を与えるために、プログラミング言語の使用に基づいて記述されたものを**ソースプログラム**（**ソースコード**）と呼び、このソースプログラムが書かれているファイルのことを**ソースファイル**と呼びます。Javaプログラムのはじめの一歩は、テキストエディターを使ってソースプログラムを入力して、ソースファイルを作ることです。

前ページで起動させたメモ帳を利用して、次のプログラムを入力してみましょう。ただし、**リスト2-01**の各行の最初にある「1.」などの数値は便宜上に付けた行番号を示す数字で、Javaプログラムではありません。「1.」は入力せずにclassから入力をはじめてください。また、Helloやpublic、printlnで用いている「l」は英字L（エル）の小文字lです。数値の1に似ていますから、間違えないように注意してください。

なお、Javaでは大文字（'A'など）と小文字（'a'など）が区別されます。また、全角文字（'あ'など）と半角文字（'A'など）も区別されますから、このとおり、すべて**半角文字**で正確に入力してください（**リスト2-01**）。

▼ リスト2-01　最初に作成するプログラム（Hello.java）

```
1. class Hello {
2.     public static void main(String[] args){
3.         System.out.println("Hello!");
4.     }
5. }
```

左のリストでは、処理のまとまりごとに半角スペース4つ分のインデント（字下げ）を行っています。インデントについては3-1-7を参照してください。

入力が完了したメモ帳は、次のようになっているはずです(図2-06)。

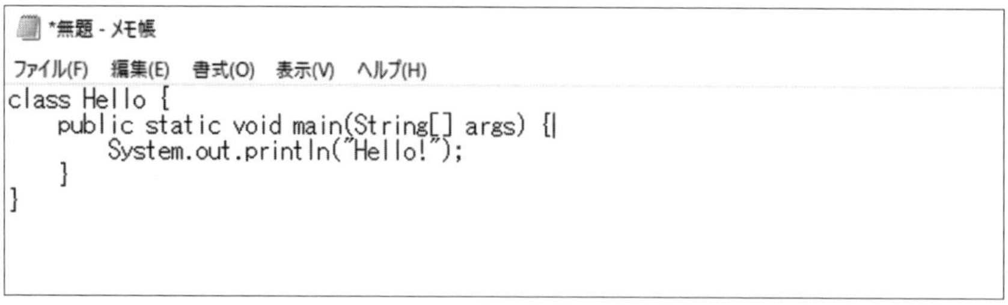

*無題 - メモ帳

ファイル(F) 編集(E) 書式(O) 表示(V) ヘルプ(H)

```
class Hello {
    public static void main(String[] args) {
        System.out.println("Hello!");
    }
}
```

● 図2-06　Hello.javaを入力したメモ帳

2-2-2 プログラムの保存

入力が完了したらプログラムを保存します。保存せずにこのまま終了すると、せっかく入力したプログラムが消えてしまいますので、注意してください。

まず、「**ファイル(F)**」メニューから「**名前を付けて保存(A)**」を選びます。すると、図2-07のように「**名前を付けて保存**」という名前のウィンドウが開きます。

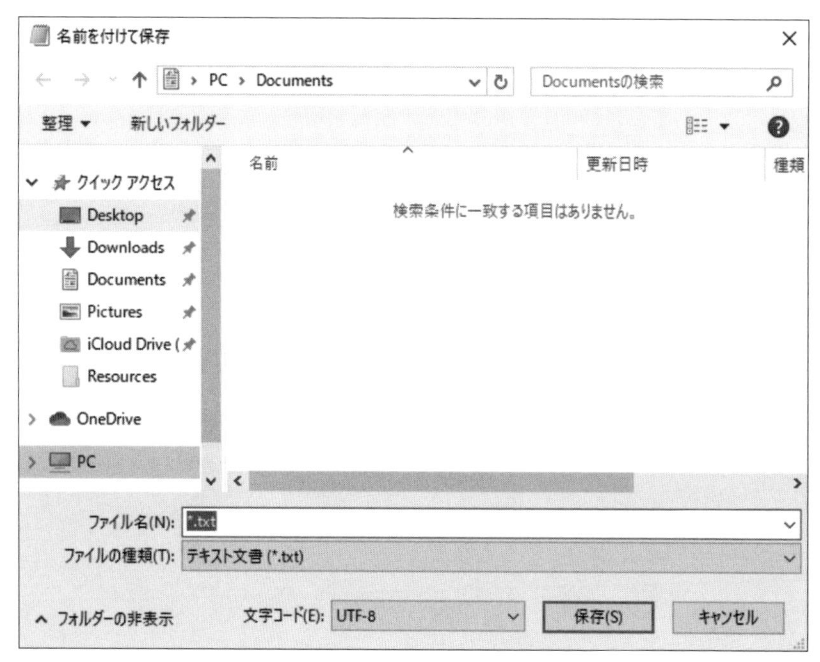

● 図2-07　名前を付けて保存

「**保存する場所**」がどこになっているかを確認してください。一般的には「ドキュメント」になっています。これを2-1-1で作成したフォルダーである「**C:¥src**」に変更します。まず、「PC」のローカルディスク(C:)を選択してください。続いてローカルディスク(C：)の＞をクリックして、この中からsrcを選びクリックします(**図2-08**)。

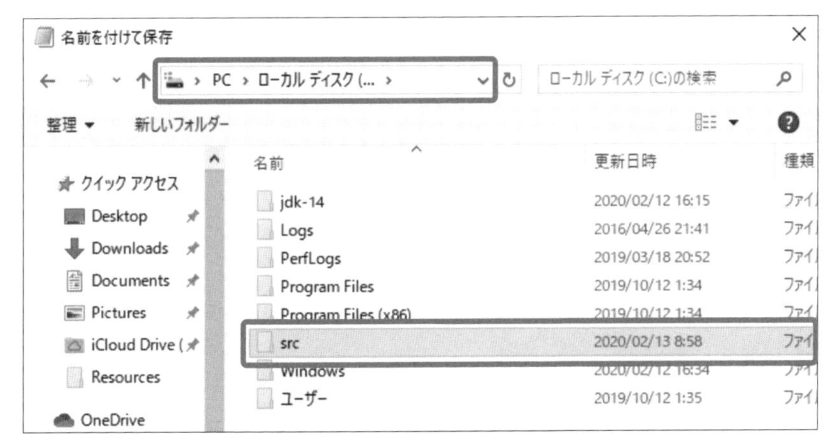

● **図2-08　保存先のフォルダーの変更**

次に、ファイル名を入力します。ここでは、ファイル名は**Hello.java**と、必ず半角文字で入力してください。1行目のclassの後にある「Hello」に、「.java」を追加したものがファイル名になります。もし、プログラムの1行目がclass Hi { ではじまっているのであれば、ファイル名はHi.javaになります。

classの直後に書かれたこの部分を、**クラス名**といい、「クラス名.java」がファイル名になります。

続いて、ファイルの種類を「すべてのファイル」に変更します。完了したら、「**保存(S)**」をクリックします。(**図2-09**)。

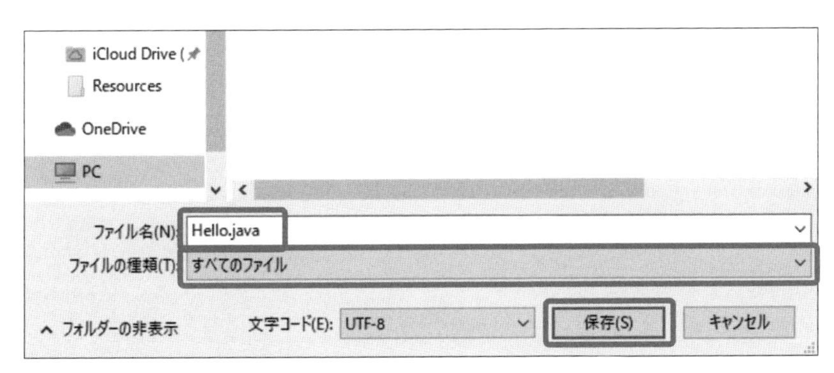

● **図2-09　ファイルの保存**

ファイルの保存が完了したら、最後にメモ帳のウィンドウを閉じて操作を完了します。

2-3 プログラムのコンパイル

前ページまでの手順で、プログラムの入力が完了しましたが、これでプログラムが動くわけではありません。人間の言葉であるプログラミング言語をコンピューターで動作させるには、機械(マシン)語に翻訳する必要があります。

2-3-1 コンパイル

ソースプログラムを入力しただけでは、まだ実行することはできません。プログラムを動かすためにコンピューターが理解できる言葉であるマシン語に変換する必要があります。

1-2-1で説明したように、ソースプログラムをすべてマシン語に翻訳することを**コンパイル**といい、コンパイルを行うプログラムを**コンパイラー**と呼びます。Javaでは、使用しているコンピューターのマシン語ではなく、JavaVM用のマシン語に翻訳を行います。

2-3-2 ディレクトリへの移動とファイルの確認

コンパイルは「**コマンドプロンプト**」で行います。スタートメニューの中から、Windowsシステムツールを開き、「コマンドプロント」をクリックして起動させます。

図2-10の画面が表示されます。

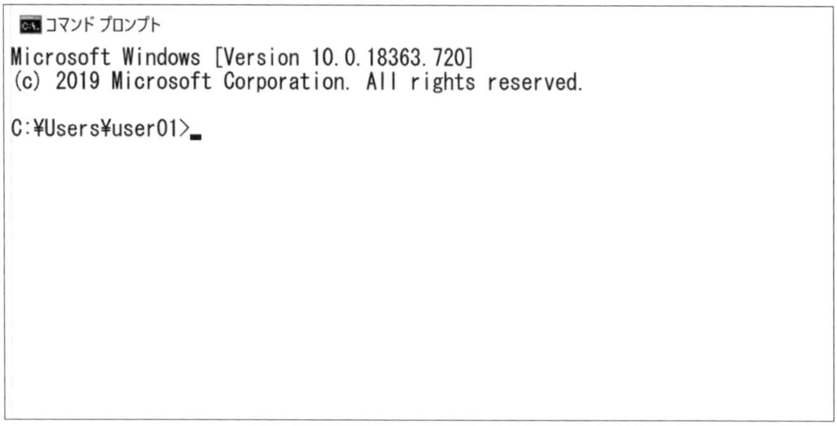

```
コマンド プロンプト
Microsoft Windows [Version 10.0.18363.720]
(c) 2019 Microsoft Corporation. All rights reserved.

C:¥Users¥user01>_
```

● 図2-10　コマンドプロンプトの起動画面

TIPS

コマンドプロンプトが探せない場合、キーを押しながらⓇキーを押して、開いた「ファイル名を指定して実行」画面で「cmd」と入力して「OK」をクリックします。するとコマンドプロンプトが起動します。

ここで、最初に表示されたカーソルの位置に、**図2-11**のように「**cd c:¥src**」とタイプします。タイプが終わったら、Enterキーを押してください。これで、先ほど作成したsrcフォルダーに移動できました。「>」マークの左に表示されているのが、現在作業しているフォルダーになります。以降、すべての作業はこのsrcフォルダーで行います。

「cd」はディレクトリを移動するコマンドです。

```
コマンド プロンプト
Microsoft Windows [Version 10.0.18363.720]
(c) 2019 Microsoft Corporation. All rights reserved.

C:¥Users¥user01>cd c:¥src

c:¥src>
```

● **図2-11 「cd」コマンドの実行画面**

続いて、メモ帳で作成したファイル「Hello.java」があるか確認します。この場所にHello.javaがなければコンパイルすることはできません。ファイルの確認は、「**dir**」とタイプします。**図2-12**のように、Hello.javaが表示されていますか？　もし、見つからない場合は、2-2-2のプログラムの保存からやり直してください。

「dir」はディレクトリ内のファイル一覧を表示するコマンドです。

```
コマンド プロンプト

c:¥src>dir
 ドライブ C のボリューム ラベルがありません。
 ボリューム シリアル番号は C0AF-7D7A です

 c:¥src のディレクトリ

2020/02/13  09:51    <DIR>          .
2020/02/13  09:51    <DIR>          ..
2020/02/13  09:51               105 Hello.java
               1 個のファイル                 105 バイト
               2 個のディレクトリ  249,203,109,888 バイトの空き領域

c:¥src>
```

● **図2-12 「dir」コマンドの実行画面**

2-3-3 コンパイラーの実行

Javaプログラムの翻訳を行うコンパイラーは**javac**という名前が付けられています。このjavacにJavaのソースファイル名を知らせることで、JavaVM用のマシン語プログラムである**クラスファイル**（拡張子が.class）が生成されます。

コンパイルを行うためには、以下のようにタイプします。

TIPS
javacはジャヴァシーと呼ばれますが、一部ではジャヴァックと呼ばれることもあるようです。

構文
●コンパイラーの実行方法
```
javac ソースファイル名
```

2-2では、Hello.javaという名前のソースファイルを入力、保存しましたね。コマンドプロンプトから以下の実行例のとおりに入力してください（**図2-13**）。

●Hello.javaのコンパイルの実行例
```
javac Hello.java
```

```
コマンド プロンプト

c:¥src>dir
 ドライブ C のボリューム ラベルがありません。
 ボリューム シリアル番号は C0AF-7D7A です

 c:¥src のディレクトリ

2020/02/13  09:51    <DIR>          .
2020/02/13  09:51    <DIR>          ..
2020/02/13  09:51               105 Hello.java
               1 個のファイル                 105 バイト
               2 個のディレクトリ  249,203,109,888 バイトの空き領域

c:¥src>javac Hello.java

c:¥src>
```

●**図2-13　Hello.javaのコンパイル**

入力が完了したら、Enterキーを押してください。

コンパイルが成功すると、拡張子が.classのクラスファイル（Hello.class）が作成されます。Javaのプログラムを実行させるには、このクラスファイルが必要です。念のため、このファイルが作成されていることを、dirコマンドで確認しましょう（**図2-14**）。

```
コマンド プロンプト

c:¥src>dir
 ドライブ C のボリューム ラベルがありません。
 ボリューム シリアル番号は C0AF-7D7A です

 c:¥src のディレクトリ

2020/02/13  09:55    <DIR>          .
2020/02/13  09:55    <DIR>
2020/02/13  09:55               410 Hello.class
2020/02/13  09:51               105 Hello.java
               2 個のファイル                 515 バイト
               2 個のディレクトリ  249,203,036,160 バイトの空き領域

c:¥src>
```

●図2-14　dirコマンドによるクラスファイルの確認

Hello.classが新しく作成されていることが確認できたら、「2-5　プログラムの実行」に進んでください。もしエラーメッセージが表示されたら、次ページを参考にコマンドを入力したり、Hello.javaを修正したりしてください。

2-4 コンパイルでエラーが出たら

Javaコンパイラーのjavacの使い方を間違えていたり、ソースプログラムの入力に誤りがあった場合は、エラーメッセージが表示されます。エラーが存在している間は翻訳を完了することができませんから、エラーメッセージをよく読み、エラーの箇所を修正して、再びコンパイルを行う必要があります。以下、コンパイル時によく出力されるエラーメッセージとその対処法を示します。

2-4-1 ソースファイル名の指定間違い

```
コマンドプロンプト

c:¥src>javac Hallo.java
エラー: ファイルが見つかりません: Hallo.java
使用方法: javac <options> <source files>
使用可能なオプションのリストについては、--helpを使用します

c:¥src>
```

●図2-15　ソースファイル名の指定間違いによるエラー

前ページで、コンパイルを実行する際に指定したソースファイル名が間違えています。「Hallo.java」ではなく「Hello.java」と正しく入力しましょう。

また、クラス名の後に「.java」を付け忘れてはいないか注意しましょう。さらにHello.javaでは、l（小文字のL）やo（小文字のO）の表記は、I（大文字のi）や1（数値）、0（数値）やO（大文字のo）と混同しないようにしましょう。

2-4-2 シンボルを見つけられません：入力ミス

```
コマンドプロンプト

c:¥src>java Hello.java
Hello.java:3: エラー: シンボルを見つけられません
        System.out.printIn("Hello!");
                  ^
  シンボル:   メソッド printIn(String)
  場所: タイプPrintStreamの変数 out
エラー1個
エラー: コンパイルが失敗しました

c:¥src>
```

●図2-16　タイプミスによるエラー

プログラミングにおいて、ソースプログラムの入力ミスによるエラーはとても多く発生します。

3行目のprintlnのlnは、Lの小文字(l)とNの小文字(n)ですが、**リスト2-02**ではI(大文字のi)と間違えています。また、1とも似ているので注意してください。また、SystemのSのように、大文字と小文字の区別が付きにくい文字もあるので注意しましょう。

▼リスト2-02　間違えているプログラムその1

```
1. class Hello {
2.     public static void main(String[] args){
3.         System.out.printIn("Hello!");
4.     }
5. }
```

2-4-3 ';'がありません：「;」(セミコロン)の付け忘れ

```
コマンドプロンプト

c:¥src>java Hello.java
Hello.java:3: エラー: ';'がありません
        System.out.println("Hello!")
                                    ^
エラー1個
エラー: コンパイルが失敗しました

c:¥src>
```

●図2-17　「;」の付け忘れによるエラー

▼リスト2-03　間違えているプログラムその2

```
1. class Hello {
2.     public static void main(String[] args){
3.         System.out.println("Hello!")
4.     }
5. }
```

リスト2-03では、3行目の最後に「;」(セミコロン)がありません。うっかり付け忘れることがあるので注意してください。また、「:」(コロン)と間違えないようにしてください。エラーメッセージが発生した行に問題がないようであれば、それ以前の行に間違いがないか遡って確認する必要があります。

2-4-4 ＞ 文字列リテラルが閉じられていません：「"」の付け忘れ

```
コマンドプロンプト

c:¥src>java Hello.java
Hello.java:3: エラー: 文字列リテラルが閉じられていません
        System.out.println("Hello!);
                           ^
エラー1個
エラー: コンパイルが失敗しました

c:¥src>_
```

● 図2-18 「"」の付け忘れによるエラー

▼ リスト2-04 間違えているプログラムその3

```
1. class Hello {
2.     public static void main(String[] args){
3.         System.out.println("Hello!□);
4.     }
5. }
```

リスト2-04では、3行目の「"」（ダブルクォート）が1つ足りず、Hello!が閉じられていません。これも文字を付け忘れた例の1つですが、エラーメッセージが異なっていることに注意しましょう。

また、「';'がありません。」というエラーメッセージが出ることがありますが、これは3行目の"が足りないことが原因で引き起こされているエラーなので、3行目に"を追加することで解決されます。このように、エラーメッセージの数と修正すべき箇所の数は必ずしも同じではなく、エラーメッセージの数の方が多い場合があることに注意してください。

2-4-5 空の文字リテラルです：「"」と「'」の間違い

```
コマンド プロンプト

c:¥src>java Hello.java
Hello.java:3: エラー: 空の文字リテラルです
        System.out.println(''Hello!'');
                           ^
Hello.java:3: エラー: 文ではありません
        System.out.println(''Hello!'');
                             ^
Hello.java:3: エラー: ';'がありません
        System.out.println(''Hello!'');
                                   ^
Hello.java:3: エラー: 空の文字リテラルです
        System.out.println(''Hello!'');
                                    ^
エラー4個
エラー: コンパイルが失敗しました

c:¥src>_
```

● 図2-19 「"」と「'」の付け間違いによるエラー

▼ リスト2-05 間違えているプログラムその4

```
1. class Hello {
2.     public static void main(String[] args){
3.         System.out.println(''Hello!'');
4.     }
5. }
```

リスト2-05では、3行目で使用しているのは「"」です。この例では「'」（シングルクォート）を2つ続けて使用しています。見た目はどちらも一緒ですが、コンピューターは「"」と「'」は別のものとして判断します。そのため、「'」を2つ続けて入力しても、「"」と同じものにはならず、このようなエラーメッセージが表示されます。

UTF-8（BOM）

古いWindows 10をそのまま使用している場合、コンパイルすると「エラー：この文字(0xEF)は、エンコーディングwindows-31jにマップできません」というエラーが出ることがあります。これはメモ帳で作成したプログラムがUTF-8（BOM付き）で保存されているためです。現在のWindows 10のメモ帳では、BOMが付かないUTF-8が標準になっているので、このようなエラーは発生しません。Windowsのアップデートを行い、OSを最新の状態にしましょう。

2-5 プログラムの実行

いよいよプログラムを動かしてみましょう。しかし、ここにも様々な落とし穴があります。ここでは、プログラムの実行方法と、実行時に発生するエラーについて説明します。

2-5-1 プログラムを実行する

コンパイルを実行して、何もエラーメッセージが表示されなければ、コンパイルは完了です。次に、コンパイルしたプログラムを実際に動かしてみましょう。

プログラムを動かすためには、javacでコンパイルしたJavaVM用のマシン語をJavaVM上で動作させる必要があり、通常はコマンドプロンプトから次のようにタイプします。

構文
● **プログラムの実行**
```
java クラス名  ← クラス名なので拡張子.javaは付けない
```

Hello.javaのプログラムを実行するには、図2-20の実行例のとおりに入力して Enter キーを押してください。

```
コマンドプロンプト

c:¥src>javac Hello.java ←— Hello.javaをコンパイルしてHello.classを作る
c:¥src>java Hello ←——— Hello.classを実行
```

● 図2-20　プログラムの実行例

画面上に「Hello!」と表示されれば成功です（図2-21）。

```
コマンドプロンプト

c:¥src>javac Hello.java
c:¥src>java Hello
Hello!
c:¥src>_
```

● 図2-21　プログラム実行の結果

2-5-2 プログラムの実行でエラーが出たら

コンパイルは成功したのに、「Hello!」のメッセージが表示されず、エラーメッセージが表示される場合もあります。このような実行時に発生するエラーのことを、特に**ランタイムエラー**と呼びます。

コンパイル時のエラーと同様に、よくあるランタイムエラーのメッセージとその対処法を示します。

● NoClassDefFoundError：クラス名の間違い

```
コマンドプロンプト

c:¥src>java Hallo
エラー: メイン・クラスHalloを検出およびロードできませんでした
原因: java.lang.ClassNotFoundException: Hallo

c:¥src>
```

● 図2-22　クラス名の間違いによるエラー

図2-22では、クラス名はHelloであるのに、「java Hallo」とクラス名を間違えて入力しています。正しいクラス名で入力をし直してください。

もし、クラス名をHelloと入力しているのにも関わらずこのエラーが出る場合は、ソースプログラムHello.javaの1行目のclassの後ろのクラス名がHello以外になっている可能性があります。ソースプログラムを確認し、修正後に再度コンパイルからやり直してください。

● 認識されていません：タイプミスやスペースが入っていない

```
コマンドプロンプト

c:¥src>javaHello
'javaHello' は、内部コマンドまたは外部コマンド、
操作可能なプログラムまたはバッチ ファイルとして認識されていません。

c:¥src>
```

● 図2-23　タイプミスやスペースが入っていないことによるエラー

「javaHello」のように（**図2-23**）、javaとクラス名の間にスペースが入っていないなど、単純なタイプミスが原因です。もう一度正確にタイプし直してみましょう。

2-6 その他のHello!プログラム

画面に表示される実行結果は1つでも、その結果を得るためには様々なプログラム実行方法があります。ここでは、Hello.javaと同じ実行結果を導き出すいくつかの別解を紹介します。

2-6-1 様々なプログラムの実行方法

Hello.javaはディスプレイに「Hello!」というメッセージを表示するプログラムでしたが、いくつかの別の方法を用いても同じ結果を得ることができます。

プログラムの入力から実行までの流れの復習もかねて、それぞれのプログラムを入力して、動作を確認してみましょう。それぞれのプログラムの説明も行いますが、未学習の部分が多いですから、なぜHello!が表示できるのか納得できない点もあるかと思います。ここではプログラムの理解ではなくJavaプログラムの雰囲気をつかむようにしてください。

2-6-2 変数を使ったHello!

5章で詳しく述べる「変数」という概念と「Stringクラス」というものを利用したプログラムの例です。変数を使うことで、複雑なプログラムを抽象化して簡単に書くことができるようになります。また、Stringクラスを用いることで、様々な文字を扱う処理を行うことができます(リスト2-06、図2-24)。

▼リスト2-06 Stringクラスを利用したプログラム(Hello2.java)

```
1. class Hello2 {
2.     public static void main(String[] args){
3.         String message = "Hello!"; ←── StringのSは大文字
4.         System.out.println(message);
5.     }
6. }
```

```
コマンドプロンプト

c:¥src>javac Hello2.java

c:¥src>java Hello2
Hello!

c:¥src>_
```

●図2-24 Hello2.javaの実行結果

2-6-3 メソッドを使ったHello!

Javaにはメソッドという、特定の処理をひとまとめにした関数をプログラマーが自由に作成することができます。メッセージを表示するためのメソッドsayを作成し、このメソッドにパラメーターである変数messageを渡すことで、Hello!を出力させています(**リスト2-07**、**図2-25**)。

▼リスト2-07 メソッドを使ったプログラム(Hello3.java)

```
1. class Hello3 {
2.     public static void say(String s){
3.         System.out.println(s);
4.     }
5.
6.     public static void main(String[] args){
7.         String message = "Hello!";
8.         say(message);
9.     }
10. }
```

```
コマンドプロンプト

c:¥src>javac Hello3.java

c:¥src>java Hello3
Hello!

c:¥src>
```

●図2-25 Hello3.javaの実行結果

2-6-4 ウィンドウを使ったHello!

Javaには、ウィンドウやボタンなどのグラフィカルユーザインターフェース(GUI)を利用したプログラムを簡単に作成できる仕組みが用意されています。**リスト2-08**は、これまでメッセージを出力させてきたコマンドプロンプトではなく、新しく作成した1つのウィンドウ上にメッセージを表示させます。

ただし、ウィンドウを閉じる機能はこのプログラムに記述していませんので、プログラムの終了はコマンドプロンプトのウィンドウをアクティブにして、Ctrl+C(Ctrlキーを押しながらCキーを押す)と入力してプログラムを強制終了させてください。

▼リスト2-08　ウィンドウを使ったプログラム（Hello4.java）

```
 1. import javax.swing.JFrame;
 2. import javax.swing.JLabel;
 3. import java.awt.Dimension;
 4. 
 5. class Hello4 {
 6.     public static void main(String[] args) {
 7.         JFrame f = new JFrame();
 8.         JLabel l = new JLabel("Hello");
 9.         f.setPreferredSize(new Dimension(200, 200));
10.         f.getContentPane().add(l);
11.         f.setDefaultCloseOperation(JFrame.EXIT_ON_CLOSE);
12.         f.pack();
13.         f.setVisible(true);
14.     }
15. }
```

2-6-5 コンパイル作業せずにプログラムを実行

単一ファイルの場合、コンパイルを行わずにjavaコマンド（Javaインタープリター）で、直接プログラムを実行させることができます。プログラムはコンピュータのメモリ上でコンパイルされ、クラスファイルは作成されません。

構文

```
java ソースファイル名
```

次のコマンドを実行して、コンパイルをせずにHello.java（リスト2-01）を動かしてみましょう。

```
java Hello.java
```

要点整理

- プログラムコードはテキストエディター（メモ帳など）を使い記述する。
- プログラムは「クラス名.java」として任意のフォルダーに保存する。
- Javaのプログラムを実行させるには、入力したソースプログラムをJavaVM用のマシン語にコンパイル（翻訳）する必要がある。
- コンパイル時にエラーメッセージが表示された場合は、ソースプログラムの入力時に誤りがあるので、内容を修正する。
- プログラムの実行は「java クラス名」とタイプして行う。

CHAPTER

3

プログラムの基本スタイル

２章のプログラムの作成から実行までの手順をとおして、プログラムを動かすということを実践的に学びました。しかし、プログラムの文字列の意味の説明は行っていませんでした。

ここからは、既存のプログラムを例に、プログラムの基本構造を１行ずつ解説します。具体例を示しながら、Javaのプログラムを作成する上での約束事や文字列や数字の違い、コメントの付け方など、Javaの基本を覚えていきましょう。

3-1 基本のスタイル

Javaのプログラムを作成するときに必ず必要となる、プログラムのスタイル(基本スタイル)を覚えましょう。この基本スタイルは、本書で扱うすべてのプログラムで使用します。

3-1-1 基本の基本　ヌルプログラム

以下に示すプログラムは、Javaの最も単純なプログラムで、**ヌルプログラム**と呼びます。ヌルプログラムはプログラムとして成立しているものの、何も処理は行いません。このヌルプログラムをベースに行いたい命令を追加していくことでJavaプログラムができあがっていくのです。

ここでは、ヌルプログラム(**リスト3-01**)の構造を順番に確認しながら、プログラムの基本スタイルを覚えていきましょう。

▼リスト3-01　ヌルプログラム

```
1. class クラス名 {
2.     public static void main(String[] args){
3.     }
4. }
```

3-1-2 クラス定義

構文

● **クラス定義(リスト3-01　1行目と4行目)**

```
class クラス名 {

}
```

クラスとは、オブジェクト指向プログラミングの基本となるものです。このクラスの中に、プログラム内で扱うデータを格納するための変数を記述したり、変数に格納されたデータなどを処理する手順を記述するメソッドを記述したりします。**リスト3-01**の2行目では、mainという「"何もしない"という処理を行う」メソッドが定義されています。

1行目の「クラス名」の部分には、実際には作成するプログラムの名前を書きます。例えば、2章で解説したプログラムHello.javaでは、クラス名が「Hello」になっていましたね。また、2-6で解説したプログラムHello2.javaでは、クラス名が「Hello2」となっていました。このクラス名はプログラマーが自由に名付けることができますが、次のルールを守らなければなりません。

● クラス名のルール

- 1文字目は英字大文字(AからZ)か英字小文字(aからz)、「_」(アンダースコア)、「$」(ダラー)のいずれかでなければなりません
- 2文字目以降は1文字目で使用する文字か、数字(0から9)でなければなりません
- 表3-01に示すJavaのキーワード(予約語)をクラス名にすることはできません

これまでのプログラムでも登場したclassやpublicなど、Javaの文法上あらかじめ言語の意味が決められているものを、クラス名として指定するなど、別の意味で使用することはできません。このような、Javaにおいて他の用途で使用しないように決められている語(キーワード)を**予約語**といいます。

Javaでは以下のものが予約語として定められています(**表3-01**)。

● 表3-01 Javaの予約語一覧

abstract	assert	boolean	break	byte
case	catch	char	class	const
continue	default	do	double	else
enum	extends	final	finally	float
for	goto	if	implements	import
instanceof	int	interface	long	native
new	package	private	protected	public
return	short	static	strictfp	super
switch	synchronized	this	throw	throws
transient	try	void	volatile	while

クラス名として利用できない文字列と利用できる文字列の例を以下に示します。

● クラス名として使用できない名前の例

```
class 007GoldFinger ←― 1文字目が数字になっている
class do ←――――――― 予約語を使用している
class 練習問題クラス ←―― 英数字ではない
```

● クラス名として使用できる名前の例

```
class Hello ←――――― 3つの制約を満たしている
class doItYourself ←― 予約語を名前の一部に含んでいる
class newinterface ←― 複数の予約語を組み合わせている
```

3-1-3 mainメソッド

構文
● main（リスト3-01　2行目と3行目）
```
public static void main(String[] args){

}
```

プログラムはコンピューターにさせたい仕事の内容を記述したもので、複数の仕事を実行させるときは通常、実行させたい順番に命令を記述していきます。つまり、プログラムリストの上から下に向かってプログラムが実行されます。

ただし、プログラムの実行開始の場所は、プログラムリストの先頭ではありません。どんなプログラムでも、Javaのプログラムは必ずmainと書かれた場所から実行されます。この部分は**mainメソッド**と呼ばれ、Javaのプログラムを動作させるために必要な構成要素になります。プログラムの作成の第一歩は、次で行うようにここに実行させたい命令を記述することなのです。

3-1-4 ヌルプログラムに命令を追加する

ヌルプログラムでは、何も処理を実行しないので、**リスト3-01**のヌルプログラムを元にして、プログラムを拡張する必要があります。ヌルプログラムの3行目に次の命令を1行追加してみましょう。

● 3行目に追加する命令
```
System.out.println("Hello!");
```

詳細は3-2で詳しく述べますが、System.out.printlnは「( )の中の" "でくくられた文字列をディスプレイに表示させなさい」という命令です。ここでは、「"」で囲まれている部分「Hello!」が、ディスプレイに表示されます。

命令を追加し、クラス名をHelloに変更すると、2章で動作確認を行ったプログラムHello.javaになりますね（**リスト3-02**）。

▼リスト3-02　2章で動作確認を行ったプログラム（Hello.java）
```
1. class Hello {
2.     public static void main(String[] args){
3.         System.out.println("Hello!");
4.     }
5. }
```

このようにJavaのプログラムを作成するということは、プログラムの基本形であるヌルプログラムに、様々な命令を追加していくことなのです。

3-1-5 文と;

3-1-4で追加したような命令をJavaでは**文**と呼びます。文は、必ず「;」(**セミコロン**)で終わらなければなりません。日本語の文章でいう、句点と同じものだと考えてください。文は次のように複数行に渡って記述することもできます。次の例では5行に分かれていますが、セミコロンが1つですから、1つの文System.out.pritnln("Hello!");と同じものと見なされます。

```
System.
    out.
        println
            ("Hello!")
                ;
```

"でくくられた中に改行を入れることはできません。

また、複数の文を1行にまとめて記述することもできます。

```
System.out.println("Hello!");System.out.println("Good bye!");
```

ただし、このような記述は読みにくくなるだけですから、普段のプログラミングでは利用しないようにしてください。

3-1-6 ブロック

ブロックは、プログラムにおける処理のまとまりです。複数の文を1つにまとめ、はじまりと終わりを示す記号でくくった範囲を、ブロックとして表記します。Javaでは、ブロックのはじまりを「{」(**開き中括弧**)、終わりを「}」(**閉じ中括弧**)で示します。

```
{
    文1
    文2
    :
    文n
}
```

次のように、ブロックの中に複数のブロックを入れることもできます。

```
{                                                    ブロック1
    文1
    {
        文2                          ブロック1の中の
                                     ブロック2
    }
    {
        文3                          ブロック1の中の
                                     ブロック3
        {
            文4             ブロック3の中の
                            ブロック4
        }
    }
}
```

しかし、次のように複数のブロックを重ね合わせることはできません。

```
{                                                    ブロック1
    文1
    {
        文2 ←――――― ブロック2

}
    文3 ←――――――― ブロック1？ それともブロック2？
    }
}
```

このようにブロック1と2が重なっている場合、Javaは次のようにブロック中にブロックがある構成と判断します。

```
{                                                    ブロック1
    文1 ←――――――― ブロック1（前半）
    {
        文2                                ブロック2
    }
    文3 ←――――――― ブロック1（後半）
}
```

これは、Javaには「**内側の括弧同士が対応する**」という括弧の対応ルールが決められているからです。そのため、プログラム中で一番最後に登場した開き中括弧（{）は、それ以降で一番早く登場した閉じ中括弧（}）と対応することになります。

3-1-7 スタイル

先のブロックの例では、ブロックとその中に含まれるブロックの位置を、少し右側にずらして表示していました。このような**字下げ（インデント）**を行うことで、ブロックの関係を直感的に理解することができるようになります。

空白（スペース）やタブは沢山あってもコンパイラーはそれらを無視するので、プログラムの実行に影響を与えません。例えば、次の2つのプログラムは、同じ結果が得られます（**リスト3-03、3-04**）。読みやすくても読みにくくても得られる結果が同じなのであれば、読みやすい方がよいですよね。読みやすければ、プログラム中に潜んでいる誤りの発見もしやすくなります。

全角の空白（スペース）は無視されません。そのため、字下げに全角の空白を使用するとエラーが発生します。

▼リスト3-03　インデント付きのプログラムリストの例

```
1. class Hello {
2.     public static void main(String[] args){
3.         System.out.println("Hello!");
4.     }
5. }
```

▼リスト3-04　インデントを行わないプログラムリストの例

```
1. class Hello {
2. public static void main(String[] args){
3. System.out.println("Hello!");
4. }
5. }
```

インデントと同様、プログラム中の適切な空白や改行は、人間がプログラムの構造を把握する手助けをします。プログラム中で自由な位置でプログラムを書きはじめたり、空白を入れたり改行することを、**フリーフォーマット**といいます。

フリーフォーマットはプログラムの性能の向上に役立ったり、処理効率を向上させるものではなく、あくまで人間のためにあるものです。この特徴を生かして、人が理解しやすいプログラムの作成を心がけましょう。

3-2 表示させる文字列の変更

プログラムの構造を確認するため、Hello.javaを改良して他の文字列を表示させてみましょう。

3-2-1 表示させる文字列

リスト3-02のHello.javaでは1つの文字列を表示させるだけでしたので、次の複数の文字列を表示させてみます。

```
Good morning.
Good afternoon.
Good evening.
```

これら3つの文字列を、1つのプログラムの中で表示させます。次の手順でプログラムを作成してみましょう。

3-2-2 1行の表示

一度に3つの文字列の表示を行うのではなく、まずは1つ目の「Good morning.」を表示させることを考えることにします。

1行だけを表示させるのは、すでに「Hello!」を表示させるプログラムHello.javaで練習しているので簡単ですね。「"」で囲まれている「Hello!」を「Good morning.」に変えるだけでよいのです。したがって、プログラムは次のようになります(**リスト3-05**)。

▼リスト3-05 メッセージを1行表示するプログラム(Message1.java)

```
1. class Message1 {
2.     public static void main(String[] args){
3.         System.out.println("Good morning.");
4.     }
5. }
```

実行結果は**図3-01**になります。

```
コマンド プロンプト

c:¥src>javac Message1.java

c:¥src>java Message1
Good morning.

c:¥src>_
```

● 図3-01　Message1.javaの実行結果

3-2-3 2行の表示

1行目のメッセージが表示できたので、続けて2行目のメッセージを表示させてみましょう。「Good morning.」の下に「Good afternoon.」を表示させればよいのですから、プログラムも「Good morning.」を出力させる3行目のprintlnの次に、「Good afternoon.」を表示させるprintlnを記述します（**リスト3-06**）。

▼ リスト3-06　メッセージを2行表示するプログラム（Message2.java）

```
1. class Message2 {
2.     public static void main(String[] args){
3.         System.out.println("Good morning.");
4.         System.out.println("Good afternoon.");
5.     }
6. }
```

実行結果は**図3-02**になります。

```
コマンド プロンプト

c:¥src>javac Message2.java

c:¥src>java Message2
Good morning.
Good afternoon.

c:¥src>_
```

● 図3-02　Message2.javaの実行結果

このように、プログラムは上から下に向かって順次実行されていきます。もし、「Good morning.」の前に「Good afternoon.」を表示させたければ、Message2. javaの3行目と4行目を入れ替えることになります。

動作確認のため3行目と4行目を入れ替えて実行させてみましょう。表示される順序が逆になります。

3-2-4 プログラムの完成

2行の表示と同じように、printlnを4行目の次に追加して、「Good evening.」を表示させてみましょう(**リスト3-07**)。

▼リスト3-07　メッセージを3行表示するプログラム(Message3.java)

```
1. class Message3 {
2.     public static void main(String[] args){
3.         System.out.println("Good morning.");
4.         System.out.println("Good afternoon.");
5.         System.out.println("Good evening.");
6.     }
7. }
```

実行結果は**図3-03**になります。

```
コマンドプロンプト

c:¥src>javac Message3.java

c:¥src>java Message3
Good morning.
Good afternoon.
Good evening.

c:¥src>
```

●図3-03　Message3.javaの実行結果

これで、目的の3つの文字列が表示できるようになりました。

3-3 print文

メッセージを表示させる方法は1つだけとは限りません。プログラムMessage3.javaと同じ結果になる別のプログラムを作成してみましょう。

3-3-1 printlnとprintの違い

Message3.javaの別解を作ってみましょう。ここでは、printlnメソッドの仲間のprintメソッドを使ってメッセージの表示を行ってみます。printlnは、printlnに続く()の中身を表示し改行する命令でしたが、printメソッドは、()の中身を表示させるだけで、改行は行わない命令です。

まずは、Message3.javaで作成したプログラムの「System.out.println」を「**System.out.print**」に変更してみましょう(**リスト3-08**)。

▼リスト3-08　System.out.printの使用例(MessagePrint1.java)

```
1. class MessagePrint1 {
2.     public static void main(String[] args){
3.         System.out.print("Good morning.");
4.         System.out.print("Good afternoon.");
5.         System.out.print("Good evening.");
6.     }
7. }
```

このプログラムの実行結果は**図3-04**のようになります。printlnでは改行されていましたが、printでは3つのメッセージがつながって表示されます。

```
コマンドプロンプト

c:¥src>javac MessagePrint1.java

c:¥src>java MessagePrint1
Good morning.Good afternoon.Good evening.
c:¥src>
```

3つのメッセージがつながって表示されている

●図3-04　MessagePrint1.javaの実行結果

3-3-2 printメソッドで改行する

このように、printメソッドは、文字列を表示するだけで改行は行わないので、printメソッドを何行も使ってメッセージを表示させても、それらがすべてつながって表示されます。printメソッドを使いながら、メッセージを改行するにはどうすればよいでしょうか？

すぐに思い付くのは、**リスト3-09**のように、printメソッドの( )の中で改行を行うことではないでしょうか。

▼リスト3-09　printメソッドの( )内で改行した例（MessagePrint2.java）

```
1. class MessagePrint2 {
2.     public static void main(String[] args){
3.         System.out.print("Good morning.
4.                                       ");
5.         System.out.print("Good afternoon.
6.                                       ");
7.         System.out.print("Good evening.
8.                                       ");
9.     }
10. }
```

ここで改行を行っている

しかし、このプログラムは実行することができません。コンパイルをすると**図3-05**のように、エラーメッセージが表示されます。

```
コマンドプロンプト

c:¥src>javac MessagePrint2.java
MessagePrint2.java:3: エラー: 文字列リテラルが閉じられていません
    System.out.print("Good morning.
                     ^
MessagePrint2.java:4: エラー: 文字列リテラルが閉じられていません
    ");
    ^
MessagePrint2.java:5: エラー: 文字列リテラルが閉じられていません
    System.out.print("Good afternoon.
                     ^
MessagePrint2.java:6: エラー: 文字列リテラルが閉じられていません
    ");
    ^
MessagePrint2.java:7: エラー: 文字列リテラルが閉じられていません
    System.out.print("Good evening.
                     ^
MessagePrint2.java:8: エラー: 文字列リテラルが閉じられていません
    ");
    ^
エラー6個

c:¥src>
```

●図3-05　( )の中で改行したプログラムをコンパイルした結果

「"」(ダブルクォート)で囲まれる文字列は1つの行に書かなければなりません。つまり、文字列に改行を含めることはできないのです。

そこで、Javaでは改行を意味する特別の文字列「**¥n**」が用意されています。この特別の文字列を使って、ダブルクォートで囲まれている中に改行を入れることができます。

次のようにプログラムを変更し、コンパイルしてみましょう(**リスト3-10**)。

TIPS

「¥n」は、他(特に海外)の書籍では「\n」と表記されることがあります。「¥」と「\」(バックスラッシュ)とはコンピューターの内部では同じものとして処理されますので、「¥」が表示されない環境では「\」に置き換えてください。

▼ リスト3-10　System.out.print( )での改行(MessagePrint3.java)

```
1. class MessagePrint3 {
2.     public static void main(String[] args){
3.         System.out.print("Good morning.¥n");
4.         System.out.print("Good afternoon.¥n");
5.         System.out.print("Good evening.¥n");
6.     }
7. }
```

今度はコンパイルエラーにはなりません。¥nがどんな働きをしているか、早速実行してみましょう。コンパイルと実行画面は**図3-06**のようになります。

```
コマンド プロンプト

c:¥src>javac MessagePrint3.java

c:¥src>java MessagePrint3
Good morning.
Good afternoon.
Good evening.

c:¥src>
```

● 図3-06　MessagePrint3.javaの実行結果

TIPS

改行ではなく、「.ツ・n」のような表示がなされた場合、¥の文字コードが正しくない可能性があります。この場合、右 Shift キーの左側にある「ろ」のキーを使って、\(バックスラッシュ)を入力して実行させてください。

¥nのように、特別の意味を持つ文字を**エスケープシーケンス**と呼びます。その中でも主要なものは**表3-02**のとおりです。

● 表3-02　エスケープシーケンス

文字列	意味
¥n	改行
¥t	タブ
¥¥	¥マーク
¥"	ダブルクォート
¥'	シングルクォート

TIPS

「エスケープシーケンス」は、「¥とそれに続く1文字」で表現されますが、2文字で1つの意味を持つ文字として扱われています。

表3-02に示したエスケープシーケンスの効果を次のプログラムで確認しましょう(**リスト3-11**)。

▼リスト3-11　エスケープシーケンスを利用したプログラム（Escape.java）

```
1. class Escape {
2.     public static void main(String[] args){
3.         System.out.print("Good¥n morning.¥n");
4.         System.out.print("Good¥t afternoon.¥n");
5.         System.out.print("Good¥¥ evening.¥n");
6.     }
7. }
```

実行結果は図3-07になります。各エスケープシーケンスの効果を確認してみましょう。

```
コマンドプロンプト

c:¥src>javac Escape.java

c:¥src>java Escape
Good
 morning.
Good    afternoon.
Good¥ evening.

c:¥src>_
```

●図3-07　Escape.javaの実行結果

3-3-3 TextBlocks

TextBlocks（"""）を使うと文字列が使えるようになります。文字列を"""でくくると、改行を含めた文字列が利用できます。ただし、最初の行は"""で終わる（"""の後に文字列を書かない）ようにしてください。

このTextBlocksは、本書で扱っているJDK14では正式に採用されていませんので、コンパイルや実行時には次のように記述する必要があります。コンパイル時には警告が表示されますが、コンパイルは完了しているので、そのまま実行してください。

TIPS

TextBlocksはJDK13からPreviewとして利用できるようになりました。JDK15から正式に採用される予定です。

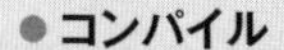
●コンパイル

```
javac --enable-preview --release 14 -Xlint:preview ソースファイル名
```

●実行

```
java --enable-preview ソースファイル名
```

TextBlocksを使ったプログラムがリスト3-12です。

▼ リスト3-12　TextBlocksを利用したプログラム（TextBlocksExample.java）

```
1. class TextBlocksExample {
2.   public static void main(String[] args) {
3.     System.out.print("""
4.     Good morning.
5.     Good afternoon.
6.     Good evening.""");
7.   }
8. }
```

TextBlocksExample.javaの実行結果は図3-08になります。

```
コマンド プロンプト

c:¥src>javac --enable-preview --release 14 -Xlint:preview TextBlocksExample.java
TextBlocksExample.java:3: 警告:[preview] テキスト・ブロックはプレビュー機能であり
可能性があります。
    System.out.print("""
                    ^
警告1個

c:¥src>java --enable-preview TextBlocksExample
Good morning.
Good afternoon.
Good evening.
c:¥src>
```

● 図3-08　TextBlocksExample.javaの実行結果

3-4 文字の表示

文字列の表示方法は理解できましたか？　それでは、文字列ではなく1文字を表示するにはどのようにすればよいのでしょうか。

3-4-1 文字を1文字ずつ表示させるプログラム

これまでに作成したプログラムは、文字の集まりを表示させていました。この文字の集まりのことを文字列といいます。例えば、Goodという文字列は「文字Gの次に、文字oがあって、さらにoがあって…」と、1文字1文字が列をなしてできているのです。次のプログラムでそれを確かめてみましょう（**リスト3-13**）。

▼ リスト3-13　文字と文字列を表示させるプログラム（Character.java）

```
 1. class Character {
 2.     public static void main(String[] args){
 3.         System.out.print('G');
 4.         System.out.print('o');
 5.         System.out.print('o');
 6.         System.out.print('d');
 7.         System.out.print(' ');
 8.         System.out.println("morning!");
 9.     }
10. }
```

実行結果は**図3-09**になります。

```
コマンドプロンプト

c:¥src>javac Character.java

c:¥src>java Character
Good morning.

c:¥src>
```

● 図3-09　Character.javaの実行結果

文字列の表示のときには、「System.out.println("Good morning.")」のように表示する文字列（メッセージ）を「"」（ダブルクォート）でくくりましたが、この例では文字を「'」（シングルクォート）でくくっています。**「文字を表すときには'を使い、文字列を表すときには"を使う」**と覚えてください。

3-4-2 文字と文字列の違い

このように、Javaでは文字列と文字が区別されていますが、文字列でも1文字だけを扱うことはできます。例えば、Character.javaの3行目にある'G'を"G"に替えてもプログラムの実行結果は変わりません。

文字は厳密に1文字だけなの対して、文字列は0文字以上の文字の集まりになります。長さ（文字数）に注目すれば、長さが常に1であるのが文字で、可変なのが文字列ということになります。

なお、文字列での0文字は、何もない空っぽの状態（これを「null（ヌル）」といいます）を意味していて、""と表記します。

3-5 数の表示

これまではHello!やGood morning.といった文字や文字列の表示を行ってきましたが、数字を表示させることもできます。

3-5-1 数を表示させるプログラム

数で表示させる場合は、文字や文字列と違い、「'」や「"」でくくらずに数をそのまま記述します（リスト3-14）。

▼リスト3-14　数値を表示させるプログラム（Number1.java）

```
1. class Number1 {
2.     public static void main(String[] args){
3.         System.out.println(1);
4.         System.out.println(2);
5.         System.out.println(3);
6.     }
7. }
```

実行結果は図3-10になります。

```
コマンド プロンプト

c:¥src>javac Number1.java

c:¥src>java Number1
1
2
3

c:¥src>
```

●図3-10　Number1.javaの実行結果

では、リスト3-15のプログラムはどのように表示されるでしょうか。実行結果を予想してからプログラムを実行させてみましょう。

▼リスト3-15　数値と文字列を表示させるプログラム（Number2.java）

```
1. class Number2{
2.     public static void main(String[] args){
3.         System.out.println(1234);
4.         System.out.println("1234");
5.     }
6. }
```

実行結果は**図3-11**になります。

```
コマンド プロンプト

c:¥src>javac Number2.java

c:¥src>java Number2
1234
1234

c:¥src>
```

●図3-11　Number2.javaの実行結果

この結果からは、1234の出力も"1234"の出力も全く同じに見えます。しかし、前者は数値の1234（せんにひゃくさんじゅうよん）であり、後者は文字列の「いち・に・さん・よん」として表示されているのです。画面に表示されると、その違いがわからなくなりますが、意味は全く異なっていることに注意してください。

この違いがどんな影響を与えるかは、4-4-2で説明します。

3-6 コメント

人間がプログラムを理解する上で非常に役立つのが「コメント」です。適切なコメントを付け、読みやすいプログラムを作成しましょう。

3-6-1 プログラム内にコメントを入れる

3-1-7ではスタイルを紹介しましたが、人間がプログラムを読みやすくするもう1つの方法に、**コメント（注釈）**の付加があります。コメントはプログラム中に文字列として記述しますが、プログラムの動作には全く影響を与えません。そのためコメントは、以前作成したプログラムを読み直したり、他の人が書いたプログラムを理解する際、大変有効に働きます。

コンパイラーがコメントとプログラムを区別できるよう、コメントを書くときはその範囲を指定しなければなりません。

3-6-2 複数行に渡るコメント

コメントの始点と終点を/＊と＊/で表し、コメントの範囲を指定します。

構文
●コメントの書式
```
/* この範囲内がコメント */
```

「/＊」はコメントの始点、「＊/」は終点を表しています。ブロックの開き括弧・閉じ括弧と同じと考えるとよいでしょう。

```
/* コメントの記述例です */

/* 複数行の指定も
可能です */
```

3-6-3 行単位のコメント

● **行単位のコメントの書式**
//この場所から行末までがすべてコメント

「//」によるコメントは、コメントのはじまりだけを指定します。そこから行末まで、右側すべてがコメントになります。そのため、「/* */」のコメントのように、複数行にまたがったコメントの指定はできません。「//」を使って複数行のコメントを記述するには、下の例のように、コメントの行数分だけ使用することになります。

```
// Javaで使われる // によるコメント表記は
// C++など、他の言語でも多く使われています
```

3-6-4 コメントと文字列表示を利用したデバッグ

これまでに説明したコメントは、プログラムを人間が読みやすくするためのものでしたが、コメント部分はコンパイルの対象にならないという特徴を利用した別の使い方もあります。

ここまでに登場したJavaプログラムはどれも短いものでしたが、ある程度実用的なプログラムを作成するためには何十、何百行ものプログラムを書かなければなりません。行数が増えれば、タイプミスなどの間違いが混入する可能性は高くなりますし、その発見は困難になっていきます。中には、エラーメッセージを読んで丹念にソースプログラムを見直しても、間違いの原因を見つけにくい場合も出てきます。

間違いを発見しにくい場合、「この辺は怪しそうだ」という部分や、「この部分までは問題ないことに自信があるが、これ以降はわからない」という部分を/* */でくくり、コメントにして(これをコメントアウトといいます)、コンパイルをしてみましょう(**リスト3-16**)。

▼**リスト3-16　コメントを利用したデバッグの例(DebugTest.java)**

```
1. class DebugTest {
2.     public static void main(String[] args) {
3.         System.out.println(1234);
4.         /*
5.         System.out.println("1234); ←—— コメントなので実行されない
6.         */
7.     }
8. }
```

この例では、エラーが発生してコンパイルに失敗するところ、2つの命令のうち2つ目をコメントアウトすることで、コンパイルが完了するようにしたレコードです。つまり、コメントアウトした2つ目の命令にどこか誤りがあるということがわかります。

もし、コンパイルが正常に終了し実行に問題がないのであれば、コメントアウトしている部分に問題がある（厳密には、コメントアウトしている部分が間違いに関係する）と考えてよいでしょう。コメントアウトした部分に絞って、プログラムを見直してみましょう。問題が見つかったらそれを修正し、コメントを外して通常のJavaプログラムとしてコンパイルします。

それでもエラーメッセージが出力されるのであれば、コメントアウトしている部分を徐々に減らして行きながら問題のある箇所を絞り込んでいきます。少々手間のかかる作業ではありますが、漠然とプログラムリストを見直すよりは短時間で問題を見つけられるはずです。

コメントのON/OFFを簡単に行う機能を持つエディタもあります。

要点整理

- Javaの最も基本的なプログラムをヌルプログラムと呼ぶ。
- Javaのクラス定義は、「class クラス名」で行う。
- ヌルプログラムに「文」と呼ばれる命令を追加することでプログラムが完成し、文は必ず「;」で終わらなければならない。
- プログラムにおける処理のまとまりは「{」と「}」でくくる。
- 文字列は「"」でくくり、文字は「'」でくくる。
- printlnメソッドは、()内の中身を表示し、改行するメソッドである。
- 文字は「'」でくくらなければならない。
- /* */や//でプログラム内にコメントを記述できる。

練習問題

問題1. 次のクラス名の中からクラス名として使用できないものを選びなさい。

① Hello
② doItYourself
③ newinterface
④ volatile

問題2. 次のうち文字列としてタブを意味しているものはどれか選びなさい。

① ¥'
② ¥¥
③ ¥t
④ ¥n

問題3. 次のプログラムをコンパイルするとエラーが発生する。エラーの原因となっている箇所を修正し、プログラムを書き換えなさい。

▼リスト3-17　練習問題3

```
1. class Renshu33 {
2.     public static void main(String[] args){
3.         System.out.println("Renshu!!!");
4. }
```

問題4. プログラム中の空欄を埋め、次のメッセージを表示させるプログラムを完成させなさい。

```
Hello Java World!!
```

▼リスト3-18　練習問題4

```
1. class Renshu34 {
2.     public static void main(String[] args){
3.         System.out.[      ]("Hello Java World!!");
4.         System.out.[      ]();
5.     }
6. }
```

問題5. 次のメッセージを表示させるプログラムを作成しなさい。

```
        *
       ***
      *****
     *******
    *********
        *
        *
""""""""""""""""
```

問題6. 次のプログラムをコンパイルするとエラーが発生します。図3-12と同様の結果が得られるよう、エラーの原因になっている箇所を修正し、プログラムを書き換えなさい。

▼リスト3-19　練習問題6

```
1. class Renshu36 {
2.     public static void main(String[] args){
3.         System.out.print(''Good morning.'');
4.         System.out.print("Good afternoon.¥n");
5.         System.out.print("Good evening.
6.                         ");
7.     }
8. }
```

```
コマンド プロンプト

c:¥src>javac Renshu36.java

c:¥src>java Renshu36
Good morning.
Good afternoon.
Good evening.

c:¥src>
```

●図3-12　正しいプログラムの実行結果

CHAPTER

4

計算

　コンピューターの日本語訳は電子計算機です。電子計算機と呼ばれることからもわかるように、コンピューターの行う仕事は数値の計算です。
　３章では文字列の表示を行いましたが、実はコンピューターの内部では文字も数値として扱われているのです。まずはコンピューターに簡単な計算をさせてみましょう。

4-1 演算子

コンピューターの内部では、文字も数値として扱われます。3章のメッセージ表示も、コンピューターにとっては数値の表示と同じことだったのです。まずは、計算を行う際に必要な演算子について学んでいきましょう。

4-1-1 様々な演算子

「+」や「-」など、数値に対してどのような操作(演算)を行うのかを示すものを、**演算子**と呼びます。「2+1」のように足し算では+の演算子を使って、「2-1」のように引き算では−の演算子を使って、演算子の左側の被演算子と右側の被演算子の数値に対して、どのような計算を行うかを示すものです。

演算子は、その働きから大きく分けて、「**算術演算子**」、「**代入演算子**」、「**関係演算子**」の3つに分類できます。

TIPS
この他にも、論理を扱う論理演算子も存在します。論理演算子に関して、詳しくは第6章をご覧ください。

- **算術演算子**

  数値を足したり引いたりする、いわゆる加減乗除の演算を行うための演算子。この演算の結果は数値となる。

- **代入演算子**

  数値や計算結果を「変数」に代入するための演算子。代入演算子と算術演算子を組み合わせることも可能。代入演算子は変数と一緒に使用する(詳説は5章で行う)。

TIPS
Javaにはバイト単位でデータを操作するためのシフト演算子と呼ばれるものや、バイト単位での論理を扱うビット演算子と呼ばれるものも存在します。

- **関係演算子**

  大きい、小さい、等しいといった、2つの数値の関係を判断する演算子(**表4-01**)。算術演算子と違い、演算の結果は「正しい」か「正しくない」かの2つのどちらかとなる(詳説は6章で行う)。

●**表4-01 関係演算子**

演算子	意味	使用例	実行結果
<	大きい	1 < 2	true(正しい)
>	小さい	4 > 3	false(正しくない)
==	等しい	5 == 5	true(正しい)

ここでは、算術演算子を取り上げて学習します。**表4-02**に主要な算術演算子とその働きを示します。

●**表4-02　算術演算子**

演算子	意味	使用例	実行結果
+	足し算	1 + 2	3
-	引き算	3 - 4	-1
*	掛け算	5 * 6	30
/	割り算	8 / 4	2
%	余り	9 % 2	1

割り算の結果

割り算の結果は、整数同士の割り算か実数（小数を含んだ数）を含んだ割り算かによって異なります。詳しくは、P.77「4-3　割り算」を参照してください。

算術演算子は**表4-02**の使用例のように、左辺と右辺の間に入れて使います。

数学の表記と同じように、足し算は+、引き算は−を使いますが、掛け算は×ではなく、「*」(**アスタリスク**)を使います。慣れるまで違和感があると思いますが、キーボードの右端のテンキーと呼ばれる部分を見てみましょう。[0]から[9]までの数字の周りに、[+]や[−]と一緒に、[*]があるはずです。掛け算の演算子が*なのは、コンピューターの世界では特別なことではありません。これを機会に慣れてしまいましょう。

また、割り算は÷ではなく、「/」(**スラッシュ**)を使用します。

4-2 足し算・引き算・掛け算

算術演算の第一歩として、足し算、引き算、掛け算について学習することにしましょう。

4-2-1 基本的な計算

さて、それでは早速これらの演算子を使ってプログラムを作成してみましょう(**リスト4-01**)。次のプログラムは3章で学んだ、printlnとprintの両方を使っています。printlnとprintやダブルクォートの有無の違いは覚えていますか？忘れてしまったなら、3章に戻って確認しましょう。

▼リスト4-01　演算子を使ったプログラム(Enzanshi1.java)

```
1. class Enzanshi1 {
2.     public static void main(String[] args){
3.         System.out.print("123 + 456 = ");  ← 文字列として表示
4.         System.out.println(123+456);  ← 計算結果を表示
5.     }
6. }
```

このプログラムの実行結果は**図4-01**のようになります。

```
コマンドプロンプト

c:¥src>javac Enzanshi1.java

c:¥src>java Enzanshi1
123 + 456 = 579

c:¥src>_
```

●図4-01　Enzanshi.javaの実行結果

リストの3行目「123 + 456 = 」と、4行目の「123+456」の実行結果での表示の違いが理解できたでしょうか？

3行目の( )内に記述した文字列「"123 + 456 = "」は、今までと同じように、実行結果でも文字列として表示されています。

しかし、4行目の( )内の「123+456」は、文字列としてではなく、計算式として処理されています。そして、その計算式の計算結果「579」が実行結果として出力されています。この関係を**図4-02**に示します。

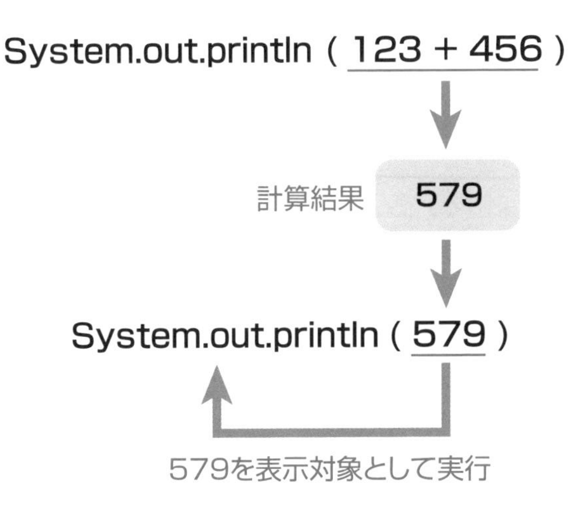

● **図4-02　計算結果が出力される過程**

演算子を、1行の中で続けて使用することもできます。また、種類の違う演算子を同じプログラムの中で使用することもできます。**リスト4-01**を改良して、複数の演算子を使ったプログラムを作ってみましょう(**リスト4-02**)。

▼ **リスト4-02　複数の演算子を使ったプログラム(Enzanshi2.java)**

```
 1. class Enzanshi2 {
 2.     public static void main(String[] args){
 3.         System.out.print("123 + 456 + 789 = ");
 4.         System.out.println(123+456+789);
 5.
 6.         System.out.print("123 - 456 - 789 = ");
 7.         System.out.println(123-456-789);
 8.
 9.         System.out.print("123 * 456 * 789 = ");
10.         System.out.println(123*456*789);
11.     }
12. }
```

このプログラムの実行結果は**図4-03**のようになります。

```
コマンドプロンプト

c:¥src>javac Enzanshi2.java

c:¥src>java Enzanshi2
123 + 456 + 789 = 1368
123 - 456 - 789 = -1122
123 * 456 * 789 = 1368

c:¥src>_
```

● 図4-03　Enzanshi2.javaの実行結果

4-2-2 優先順位

Enzanshi2.javaでは、複数の演算子を使ったプログラムを作成しましたが、種類の違う演算子を1行の中で一緒に使ったらどうなるでしょうか？　例えば、次の式を考えてみましょう。

```
1 + 2 * 3
```

この式の値(答え)はいくつになるでしょう。電卓でこの式どおり入力すると、「(1+2) * 3 = 9」となって値は9になります。一方、数学で学んだ「足し算より掛け算が先」というルールを使うと、「1 + (2 * 3) = 7」で7になります。

どちらの結果になるか、実際のプログラムでためしてみましょう(**リスト4-03**)。

▼リスト4-03　+と*が混在した計算を行うプログラム(Enzanshi3.java)

```
1. class Enzanshi3 {
2.     public static void main(String[] args){
3.         System.out.print("1 + 2 * 3 = ");
4.         System.out.println(1+2*3);
5.     }
6. }
```

このプログラムの実行結果は**図4-04**のとおりです。

```
コマンドプロンプト

c:¥src>javac Enzanshi3.java

c:¥src>java Enzanshi3
1 + 2 * 3 = 7

c:¥src>_
```

● 図4-04　Enzanshi3.javaの実行結果

表示された実行結果は、「1+(2*3)=7」になりました。この結果で確認できたように、Javaでも**足し算より掛け算が先**というルールが適用されます。他の演算子の組み合わせにも同様のルールがあり、このルールのことを**演算子の優先順位**と呼びます。

四則演算の優先順位は、足し算や引き算よりも掛け算や割り算が高くなります。引き算と掛け算が混在していたら、まずは掛け算が実行され、その計算結果に対して引き算が実行されます。

また、「足し算と引き算」、「掛け算と割り算」での優先順位は同じで、先に記述された方から計算されます。

掛け算よりも足し算を先に行いたい場合などには、先に計算を行いたい式を( )でくくります。実はこの( )も演算子の1つで、Javaでは最も優先順位の高い演算子の1つなのです。

次のプログラムで、演算子の優先順位を確認しましょう(リスト4-04)。

▼リスト4-04　優先順位の確認プログラム(Enzanshi4.java)

```
1. class Enzanshi4 {
2.     public static void main(String[] args){
3.         System.out.print("1 + 2 * 3 = ");
4.         System.out.println(1+2*3);
5.
6.         System.out.print("1 + 2 * 3 + 4 = ");
7.         System.out.println(1+2*3+4);
8.
9.         System.out.print("1 - 2 * 3 - 4 = ");
10.        System.out.println(1-2*3-4);
11.
12.        System.out.print("(1 + 2) * 3 + 4 = ");
13.        System.out.println((1+2)*3+4);
14.
15.        System.out.print("1 + 2 * (3 + 4) = ");
16.        System.out.println(1+2*(3+4));
17.    }
18. }
```

Enzanshi4.javaの実行結果は図4-05のようになります。

```
コマンドプロンプト

c:¥src>javac Enzanshi4.java

c:¥src>java Enzanshi4
1 + 2 * 3 = 7
1 + 2 * 3 + 4= 11
1 + 2 * 3 - 4= 3
1 + 2 * (3 + 4) = 15

c:¥src>
```

● 図4-05　Enzanshi4.javaの実行結果

4-2-3 結合規則

4-2-2では、+と*などの、優先順位が異なる演算子での計算順序について学びました。足し算と引き算、掛け算と割り算での優先順位は同じですが、次の式のように同じ優先順位同士の計算はどのような順番で計算されるのでしょうか。

```
1+2-3
```

この式の計算は、「(1+2)-3 = 3-3 = 0」のように出てきた順に計算する方法と、「1+(2-3) = 1+(-1) = 0」のように後ろから計算していく方法の2つが考えられます。

このように、式をどのような順番で計算していくかを決めたルールを**結合規則**と呼びます。Javaの四則演算の結合規則は、**左から右**ですので「1+2-3 = (1+2)-3 = 3-3 = 0」となります。

各演算子の優先順位と結合規則を示します(**表4-03**)。

● 表4-03　算術演算子の優先順位と結合規則

演算子	意味	優先順位	結合規則	使用例	実行結果
()	括弧	1	→	(1 + 2) * 3	9
*	掛け算	2	→	5 * 6	30
/	割り算	2	→	10 / 5	2
+	足し算	3	→	1 + 2	3
-	引き算	3	→	3 - 4	-1

4-3 割り算

四則演算のうち「割り算」を省いて、「足し算」、「引き算」、「掛け算」の演算についてだけ説明を行ってきました。割り算だけ別扱いにしたのには理由があります。

4-3-1 他の演算子との違い

1と3という2つの数字の計算を考えてみましょう。各演算子でそれぞれの数字を計算すると、次のようになりますね。

```
1 + 3 = 4
1 - 3 = -2
1 * 3 = 3
```

それでは、これはどうでしょうか？

```
1 / 3 =
```

答えは、「0」それとも「0.333…」でしょうか？　あるいは四捨五入して0.3なのかもしれません。0は3倍しても0のままですが、0.333…は3倍すると1になるので、この2つの値は全く異なるものです。このように、足し算や掛け算と違って、割り算では計算方法によってその答えが変わりますので、計算方法に充分注意しなければなりません。

上の式はJavaではどのような結果になるのでしょうか。次のプログラムで確かめてみましょう（**リスト4-05**）。

▼リスト4-05　1/3を計算するプログラム（Warizan1.java）

```
1. class Warizan1 {
2.     public static void main(String[] args){
3.         System.out.print("1 / 3 = ");
4.         System.out.println(1/3);
5.     }
6. }
```

プログラムの実行結果は**図4-06**のとおりです。

```
コマンドプロンプト

c:¥src>javac Warizan1.java

c:¥src>java Warizan1
1 / 3 = 0

c:¥src>
```

● 図4-06　Warizan1.javaの実行結果

Javaでは、-1、0、1、2といった、小数を含まない数(これを**整数**と呼びます)同士を割り算すると、その答えも整数にするというルールがあります。1も3も整数ですから、答えも整数の0になっているわけです。

本当に0になっているのか、1/3を3回足して、その答えがいくつになるのか調べてみましょう(**リスト4-06**)。算数のように、「1 ÷ 3 = 1/3」ならば、それを3回足すと、答えは1になるはずです。

▼ リスト4-06　1/3 + 1/3 + 1/3を計算するプログラム(Warizan2.java)

```
1. class Warizan2 {
2.     public static void main(String[] args){
3.         System.out.print("1 / 3 + 1 / 3 + 1 / 3 = ");
4.         System.out.println(1/3+1/3+1/3);
5.     }
6. }
```

実行結果は**図4-07**のように、答えは1にはならずに0のままです。つまり、「0 + 0 + 0 = 0」の計算を行っており、1/3は0なのです。

算術演算子の優先順位により、1/3が先に計算されます。

```
コマンドプロンプト

c:¥src>javac Warizan2.java

c:¥src>java Warizan2
1 / 3 + 1 / 3 + 1 / 3 = 0

c:¥src>
```

● 図4-07　Warizan2.javaの実行結果

4-3-2 数字の種類

「1/3」の答えとして、0.333…を得るにはどうしたらよいでしょうか。「整数同士の割り算の答えは整数」になるのと同じ理由で、小数を含んだ数値(これを**実数**と呼びます)で計算したら、その答えも小数を含んだものになります。整数を実数にするには、「**3.0**」のように整数に小数点を付ければよいのです。

さらに、小数点以下が0の場合は小数を省略し、「**3.**」のように小数点だけを付けて実数を表現することができます。それでは、次のプログラムで実数の割り算がどうなるかためしてみましょう(**リスト**4-07)。

▼リスト4-07　実数の割り算をするプログラム(Warizan3.java)

```
 1. class Warizan3 {
 2.     public static void main(String[] args){
 3.         System.out.print("1.0 / 3 = ");
 4.         System.out.println(1.0/3);
 5. 
 6.         System.out.print("1 / 3.0 = ");
 7.         System.out.println(1/3.0);
 8. 
 9.         System.out.print("1. / 3. = ");
10.         System.out.println(1./3.);
11.     }
12. }
```

プログラムを実行すると、**図**4-08になります。

```
コマンドプロンプト

c:¥src>javac Warizan3.java

c:¥src>java Warizan3
1.0 / 3  = 0.3333333333333333
1 / 3.0  = 0.3333333333333333
1. / 3.  = 0.3333333333333333

c:¥src>
```

●図4-08　Warizan3.javaの実行結果

TIPS

数値の精度とは、数値をより正確に表現できる度合いのことをいいます。例えば円周率は、整数の精度では3となり、実数では小数点以下が2桁であれば3.14となります。表現する桁が増すと精度が高くなるといえます。

どちらか一方が実数でも、両方実数でも、答えはすべて実数になります。計算は**答えは数値の精度の高い方に合わせる**というルールに基づいて実行されます。整数よりも実数は精度が高い(より細かな値が表現できる)ので、整数と実数が混在する割り算では、答えが実数として計算されるのです。

ところで、割り算の答えは小数点以下が15桁までになっていますね。本来「1/3」は小数点以下の3が続く無限小数ですが、無限に続く数をコンピューターが扱うことはできませんので、どこかの桁で区切る必要があり、**15桁までを扱う**ように決められています。

次のプログラムを実行させて、整数の割り算との違いを確認しましょう（**リスト4-08**）。

▼リスト4-08　1/3+1/3+1/3を実数で計算するプログラム（Warizan4.java）

```
1. class Warizan4 {
2.     public static void main(String[] args){
3.         System.out.print("1 / 3 + 1 / 3 + 1 / 3 = ");
4.         System.out.println(1/3+1/3+1/3);
5. 
6.         System.out.print("1. / 3 + 1. / 3 + 1. / 3 = ");
7.         System.out.println(1./3+1./3+1./3);
8.     }
9. }
```

プログラムを実行すると、**図4-09**のようになります。

```
コマンド プロンプト

c:¥src>javac Warizan4.java

c:¥src>java Warizan4
1 / 3 + 1 / 3 + 1 / 3 = 0
1. / 3 + 1. / 3 + 1. / 3  = 1.0

c:¥src>_
```

●図4-09　Warizan4.javaの実行結果

4-3-3 余り

四則演算のすべてをマスターしましたので、最後は割り算の余りの計算法を学習しましょう。余りの計算は「%」で行います。次のプログラムで余りの計算をしてみましょう（**リスト4-09**）。

▼ **リスト4-09　余りを計算するプログラム(Amari1.java)**

```
1. class Amari1 {
2.     public static void main(String[] args){
3.         System.out.print("10 % 3 = ");
4.         System.out.println(10%3);
5.     }
6. }
```

プログラムを実行すると、**図4-10**のようになります。

```
コマンド プロンプト

c:¥src>javac Amari1.java

c:¥src>java Amari1
10 % 3 = 1

c:¥src>
```

● **図4-10　Amari1.javaの実行結果**

実数の割り算では、0.333…のように小数点以下まで計算されました。実数で割り算をしたときの余りはどうなるでしょうか？　プログラムAmari.javaを書き換えて、実数にしてみましょう（**リスト4-10**）。

▼ **リスト4-10　実数での余りを計算するプログラム(Amari2.java)**

```
1. class Amari2 {
2.     public static void main(String[] args){
3.         System.out.print("10 % 3. = ");
4.         System.out.println(10%3.);
5.     }
6. }
```

プログラムを実行すると、**図4-11**のようになります。

```
コマンドプロンプト

c:¥src>javac Amari2.java

c:¥src>java Amari2
10 % 3. = 1.0

c:¥src>
```

●図4-11　Amari2.javaの実行結果

このように、実数での余りの計算は実数で得られます。

これまでに登場した演算子すべてをここでまとめておきましょう（表4-04）。

余りですので実数にしても値は、整数の余りに「.0」が付いたものになります。

●表4-04　算術演算子

演算子	意味	優先順位	結合規則	使用例	結果
()	括弧	1	→	(1 + 2) * 3	9
*	掛け算	2	→	5 * 6	30
/	割り算	2	→	8 / 2	4
%	余り	2	→	9 % 2	1
+	足し算	3	→	1 + 2	3
-	引き算	3	→	3 - 4	-1

4-4 文字列の足し算

四則演算の説明が終わりましたので、算術演算から少し離れて「文字や文字列の足し算」の説明を行います。

4-4-1 文字列同士の足し算

次のプログラムを見てください。数値の足し算「123 + 456」と同じように、4行目で文字列「Good」と「morning」を足しています（**リスト4-11**）。

▼リスト4-11 文字列の足し算プログラム（Mojiretu1.java）

```
1. class Mojiretu1 {
2.     public static void main(String[] args){
3.         System.out.print("Good + morning = ");
4.         System.out.println("Good"+"morning");
5.     }
6. }
```

このプログラムの実行結果は、**図4-12**のようになります。「Goodmorning」と、2つの文字列が結合されて表示されます。このように文字列同士の足し算は、文字列を結合した文字列になります。

```
コマンドプロンプト

c:¥src>javac Mojiretu1.java

c:¥src>java Mojiretu1
Good + morning = Goodmorning

c:¥src>
```

●図4-12 Mojiretu1.javaの実行結果

複数の文字列の足し算も行うことができます。Mojiretu.javaに手を加えて実行結果をもう少し見やすくしてみましょう（**リスト4-12**）。

▼リスト4-12　Mojiretu.javaを改良したプログラム(Mojiretu2.java)

```
1. class Mojiretu2 {
2.     public static void main(String[] args){
3.         System.out.print("Good +    + morning + . = ");
4.         System.out.println("Good"+" "+"morning"+".");
5.     }
6. }
```

このプログラムを実行すると、図4-13のようになります。

```
コマンドプロンプト

c:¥src>javac Mojiretu2.java

c:¥src>java Mojiretu2
Good +    + morning + . = Good morning.

c:¥src>_
```

●図4-13　Mojiretu2.javaの実行結果

このように、空白の文字列(" ")を使って足し算を行うと、文字列同士の間を空けることができます(図4-14)。

TIPS

文字列として、" "や"."を加えていますが、これらは1文字ですので3-4で述べたように、' 'と'.'に置き換えて使うこともできます。

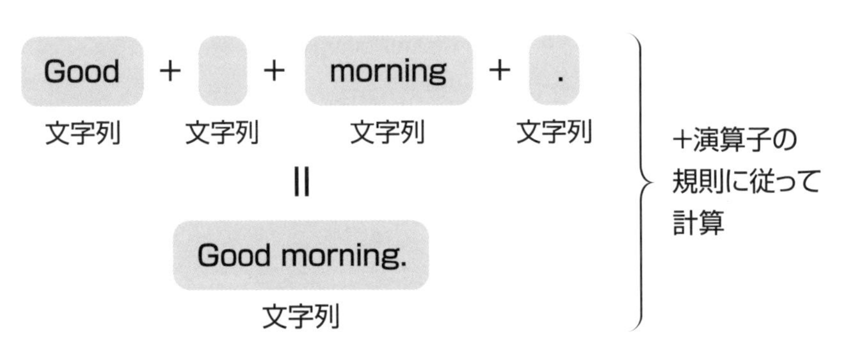

●図4-14　文字列の足し算

4-4-2 文字列と数値の足し算

次は、文字列に数値や式を足してみましょう。次のプログラムを見てください(リスト4-13)。

▼リスト4-13　文字列と数値の足し算プログラム(Mojiretu3.java)

```
1. class Mojiretu3 {
2.     public static void main(String[] args){
3.         System.out.println("PI = " + 3.14);
4.     }
5. }
```

3行目で文字列「PI = 」と数値3.14を足しており、その実行画面は図4-15のようになります。

```
コマンド プロンプト

c:¥src>javac Mojiretu3.java

c:¥src>java Mojiretu3
PI = 3.14

c:¥src>
```

● 図4-15　Mojiretu3.javaの実行結果

種類が異なるものをそのまま足すことはできません。文字列と数値の足し算の場合、数値の部分は自動的に文字列に変換され、文字列同士の足し算が行われます。この例だと、数値3.14が文字列"3.14"に変換され、文字列"PI = "と"3.14"の足し算として計算(結合)されます。このような文字列と数値の足し算の答えは**文字列**になるわけです(図4-16)。

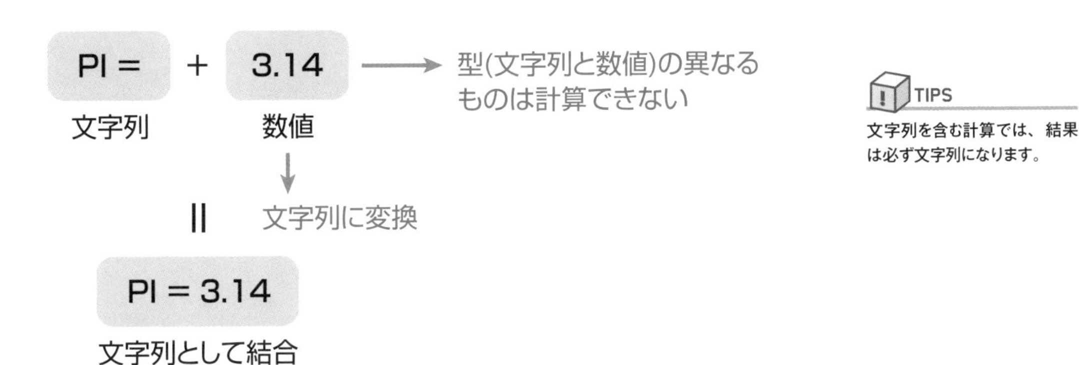

TIPS
文字列を含む計算では、結果は必ず文字列になります。

● 図4-16　文字列と数値の演算

では、「数値と数値の足し算」と「文字列と数値の足し算」の両方を利用して、4-2-1のEnzanshi.javaに応用してみましょう（**リスト4-14**）。

▼ **リスト4-14　Enzanshi.javaを書き換えたプログラム（Mojiretu4.java）**

```
1. class Mojiretu4 {
2.     public static void main(String[] args){
3.         System.out.println("123 + 456 = "+(123+456));
4.     }
5. }
```

このプログラムを実行すると、**図4-17**のようになります。

TIPS

（123＋456）を123＋456に書き換えてプログラムの実行結果がどのように変わるか、確認してみましょう。

```
コマンド プロンプト

c:¥src>javac Mojiretu4.java

c:¥src>java Mojiretu4
123 + 456 = 579

c:¥src>_
```

● **図4-17　Mojiretu4.javaの実行結果**

4-4-3 文字と数値の足し算

これまでは文字の集まりである文字列での足し算を行ってきましたので、文字と数値の足し算を行ってみましょう。**リスト4-15**では'A'という文字に数値を足してみます。

▼ **リスト4-15　文字と数値の足し算プログラム（MojiSuti1.java）**

```
1. class MojiSuti1 {
2.     public static void main(String[] args) {
3.         System.out.println("'A' + 1 = " + 'A'+1);
4.         System.out.println("'A' + 2 = " + 'A'+2);
5.         System.out.println("'A' + 3 = " + 'A'+3);
6.     }
7. }
```

TIPS

Javaでは'A'のように文字は'（シングルクオート）でくくって表示させ、"Apple"のように文字列は"（ダブルクオート）でくくって表示させます。

このプログラムを実行すると、**図4-18**のようになります。

```
コマンドプロンプト

c:¥src>javac MojiSuti1.java

c:¥src>java MojiSuti1
'A' + 1 = A1
'A' + 2 = A2
'A' + 3 = A3

c:¥src>_
```

TIPS
リスト4-14の3行目でSystem.out.println("123 + 456 = "+(123+456));となっていたのも、123+456の計算を先に実行させるためです。

● **図4-18　MojiSuti1.javaの実行結果**

文字列のときと同じように、文字'A'に数値が結合されて表示されました。しかし、この結果から「文字と数値の加算は文字列になる」と判断するのは誤りです。プログラムリストの**3〜5行目**を見てください（**リスト4-16**）。

▼ **リスト4-16　3〜5行目（MojiSuti.java）**

```
3. System.out.println("'A' + 1 = " + 'A'+1);
4. System.out.println("'A' + 2 = " + 'A'+2);
5. System.out.println("'A' + 3 = " + 'A'+3);
```

'A'+1などの計算式の前に、"'A' + 1 = "という文字列があり、その文字列との足し算を行っています。ここで、+の結合規則を思い出してください。4-2-3で述べたように、+の結合規則は→（左から右）なので、**3行目**ではまず、"'A' + 1 = "と'A'の足し算が行われます。この結果、"'A' + 1 = A"という文字列ができ上がり、この文字列と数値の1の足し算になっているのです。文字列と数値の足し算は文字列になりますから、結果は"'A' + 1 = A1"という文字列になり、プログラムの実行結果はそれが出力されたことになります（**図4-19**）。

結合規則については、4-2-3を参照してください。

'A' + 1 =　+　'A'　+　1
文字列　文字　数値

'A' + 1 = A　+　1
文字列　文字列に変換

||

'A' + 1 = A1
文字列

● **図4-19　MojiSuti.javaの文字列と数値の足し算**

「'A'+1」を計算結果として表示させるために、演算の優先順位が最も高い演算子の( )を使ってプログラムを書き直し、実行してみましょう(**リスト4-17**)。

TIPS

リスト4-14の3行目でSystem.out.println("123 + 456 = "+(123+456));となっていたのも、123+456の計算を先に実行させるためです。

▼リスト4-17　文字と数値の足し算プログラム2(MojiSuti2.java)

```
1. class MojiSuti2 {
2.     public static void main(String[] args){
3.         System.out.println("'A' + 1 = " + ('A'+1));
4.         System.out.println("'A' + 2 = " + ('A'+2));
5.         System.out.println("'A' + 3 = " + ('A'+3));
6.     }
7. }
```

このプログラムを実行すると、**図4-20**のようになります。

```
コマンドプロンプト

c:¥src>javac MojiSuti2.java

c:¥src>java MojiSuti2
'A' + 1 = 66
'A' + 2 = 67
'A' + 3 = 68

c:¥src>
```

●図4-20　MojiSuti2.javaの実行結果

今度は文字列ではなく、66などの'A'や1と関係のなさそうな数値が表示されてしまいました。

実は、コンピューターは文字を文字として認識しているのではありません。人間にとっては、Aとa、そして全角文字のＡはどれも同じ「エー」ですが、コンピューターではこれらは全く異なるものとして区別されます。

これは、文字ひとつひとつに**文字コード**という特定の番号が割り当てられているからです。コンピューターはこのコードで文字を認識します。文字を判断する認識番号と考えるとよいでしょう。コンピューターが、ある特定の番号を認識すると、これは「文字」に割り当てられている番号だと判断し、文字に変換します。

文字コードにはUnicodeの他にもASCIIやJIS、EUCなどがあります。
UTF-8は、Unicodeで用いる型式の1つです。

Aとaにはそれぞれ別の文字コードが割り当てられているので、人間にとっては同じ「エー」であってもコンピューターにとっては違う文字として区別されます。Javaのファイル名で、大文字と小文字の違いに気を付けなければならないのはそのためです。

Javaでは、文字コードに**Unicode**(**ユニコード**)という規則を利用しています。Unicodeは、英語だけでなく、世界各国の文字をコンピューターが統一して扱うことを目指して定められたコード体系で、現在広く利用されています。Unicodeという規則の元では、文字'A'は65という**コード（数値）**が割り当てられています。よって、'A'+1は文字'A'のコード、65に1を加えた66という数値になります（**図4-21**）。

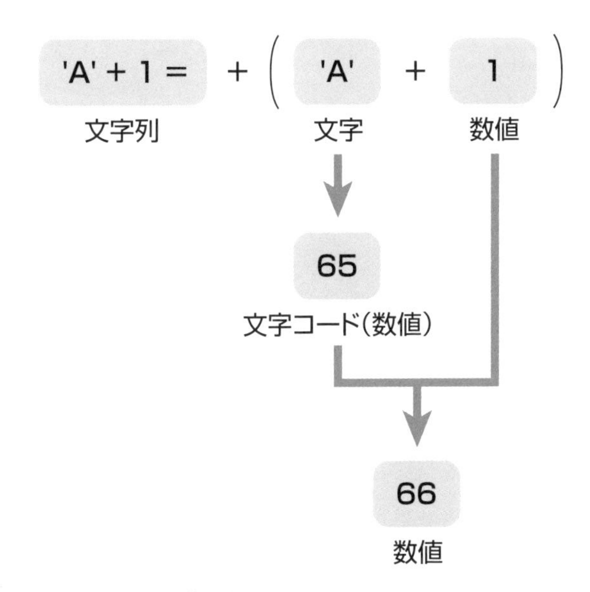

● 図4-21　MojiSuti2.javaの計算過程

このように、文字と数値の足し算の答えは数値になります。

Unicodeでは、文字'A'から文字'Z'までのコードと、文字'a'から文字'z'までのコードは、1つずつ増加して順に付けられています。例えば、'A'+1の答えである66は、文字'B'のコードであり、その次の67は文字'C'のコードです。

つまり、MojiSuti2.javaの実行結果の、66、67、68はそれぞれ文字B、C、Dを示していると考えられます。

5-2-5で説明するキャストを使ったプログラムでそのことを確認できます（**リスト4-18**）。

TIPS
キャストによって、数値の値を文字コードとして持つ文字に変換しています。

▼ リスト4-18　文字と数値の足し算プログラム（MojiSuti3.java）

```
1. class MojiSuti3 {
2.     public static void main(String[] args){
3.         System.out.println("'A' + 1   = " + (char)('A'+1));
4.         System.out.println("'A' + 2   = " + (char)('A'+2));
5.         System.out.println("'A' + 3   = " + (char)('A'+3));
6.     }
7. }
```

実行結果は**図4-22**になります。

```
コマンドプロンプト

c:¥src>javac MojiSuti3.java

c:¥src>java MojiSuti3
'A' + 1 = B
'A' + 2 = C
'A' + 3 = D

c:¥src>
```

● 図4-22　MojiSuti3.javaの実行結果

リスト4-18の3行目では、'A'に1を加えています。**図4-21**で示したように、この結果は66という整数値になります。しかし、計算結果の前に(char)という指定をすることで、この値を数値としてではなく文字コードの66番(文字B)としてprintlnで処理がなされます(**図4-23**)。

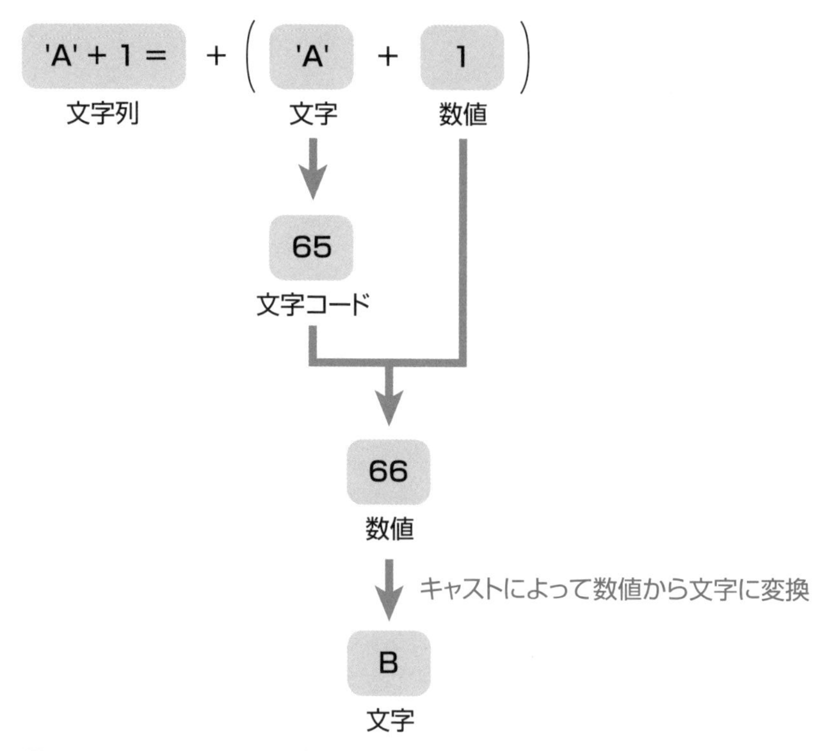

● 図4-23　Mojisuti3.javaの計算過程

つまり、"'A' + 1 = " + 'B'という文字列と文字との足し算が実行され、その結果が表示されています。4行目、5行目でも同様の処理がなされていますので、それぞれ'C'、'D'として表示されます。

要点整理

- 演算子には、算術演算子、代入演算子、関係演算子の３種類が存在する。
- 算術演算子の中で、同じ優先順位同士の計算を行う際、演算は「左から右」という結合規則にそって行われる。
- 整数同士での演算の答えは整数となる。
- 数字の種類には整数と実数があり、どちらか一方が実数でも両方実数でも答えはすべて実数になる。
- 割り算の余りを求める計算は「%」で行う。
- 文字列同士の足し算は、「+」によって行い、結果は文字列を結合した文字列となる。
- 文字列と数値を足し算した場合、答えは文字列となる。
- 文字と数値を足し算した場合、文字は文字コードの番号として判断され、結果は数値となる。
- キャストは指定した型に数値を変換する方法である。

練習問題

問題1. 次の算術演算子の中で優先順位が最も低いものはどれか選びなさい。

① +　② ()　③ *　④ /

問題2. 図4-24の結果が得られるように、次のプログラムの空欄を埋めなさい。

▼リスト4-19　練習問題2

```
1. class Renshu42 {
2.     public static void main(String[] args){
3.         System.out.print("123 + 456 = ");
4.         System.out.println(    ①    );
5.         System.out.print("789 - 123 + Goodmorning = ");
6.         System.out.println(    ②    );
7.         System.out.print("123 * 456 + Good morning = ");
8.         System.out.println(    ③    );
9.     }
10. }
```

```
コマンド プロンプト

c:¥src>javac Renshu42.java

c:¥src>java Renshu42
123 + 456 = 579
789 - 123 + Goodmorning = 666Goodmorning
123 * 456 + Good morning = 56088Good morning

c:¥src>
```

●図4-24　練習問題2の結果

問題3. 図4-25の結果が得られるように、次のプログラムの空欄を埋めなさい。

▼リスト4-20　練習問題3

```
1. class Renshu43 {
2.     public static void main(String args[]) {
3.         System.out.print("1 / 5 + 1 / 5 + 1 / 5 = ");
4.         System.out.println(    ①    );
5.         System.out.print("1 / 5 + 1 / 5 + 1 / 5 = ");
6.         System.out.println(    ②    );
7.     }
8. }
```

```
ava

6000000000000001
```

問題4. 図4-26の結果が得られるように、次のプログラムの空欄を埋めなさい。

▼リスト4-26 練習問題4

```
1. class Renshu44 {
2.     public static void main(String args[]) {
3.         System.out.println("'B' + 1 = " + ① );
4.         System.out.println("'B' + 1 = " + ② );
5.     }
6. }
```

```
コマンド プロンプト

c:¥src>javac Renshu44.java

c:¥src>java Renshu44
'B' + 1 = 67
'B' + 1 = B1

c:¥src>_
```

●図4-26 練習問題4の結果

問題5. **図4-27の結果が得られるように、次のプログラムの空欄を埋めなさい。**

▼リスト4-22　練習問題5

```
1. class Renshu45 {
2.     public static void main(String args[]) {
3.         System.out.println(456 + " ÷ " + 123 + " = " + [ ① ]);
4.         System.out.println(456 + " % " + 123 + " = " + [ ② ]);
5.     }
6. }
```

```
コマンド プロンプト

c:¥src>javac -encoding UTF-8 Renshu45.java

c:¥src>java Renshu45
456 ÷ 123 = 3
456 % 123 = 87

c:¥src>
```

●図4-27　練習問題5の結果

問題6. **次のプログラムの誤りを指摘し、図4-28の実行結果が得られるように正しいプログラムに修正しなさい。**

▼リスト4-23　練習問題6

```
1. class Renshu46 {
2.     public static void main(String args[]) {
3.         System.out.println(456 + '÷' + 123 + '='  + (456/123));
4.     }
5. }
```

```
コマンド プロンプト

c:¥src>javac -encoding UTF-8 Renshu46.java

c:¥src>java Renshu46
456÷123=3

c:¥src>
```

●図4-28　練習問題6の結果

```
コマンド プロンプト

c:¥src>javac Renshu43.java

c:¥src>java Renshu43
1 / 5 + 1 / 5 + 1 / 5 = 0
1 / 5 + 1 / 5 + 1 / 5 = 0.6000000000000001

c:¥src>_
```

● 図4-25　練習問題3の結果

問題4. **図4-26の結果が得られるように、次のプログラムの空欄を埋めなさい。**

▼リスト4-21　練習問題4

```
1. class Renshu44 {
2.     public static void main(String args[]) {
3.         System.out.println("'B' + 1 = " + [ ① ]);
4.         System.out.println("'B' + 1 = " + [ ② ]);
5.     }
6. }
```

```
コマンド プロンプト

c:¥src>javac Renshu44.java

c:¥src>java Renshu44
'B' + 1 = 67
'B' + 1 = B1

c:¥src>_
```

● 図4-26　練習問題4の結果

問題5. **図4-27の結果が得られるように、次のプログラムの空欄を埋めなさい。**

▼リスト4-22　練習問題5

```
1. class Renshu45 {
2.     public static void main(String args[]) {
3.         System.out.println(456 + " ÷ " + 123 + " = " + [ ① ]);
4.         System.out.println(456 + " % " + 123 + " = " + [ ② ]);
5.     }
6. }
```

```
コマンド プロンプト

c:¥src>javac -encoding UTF-8 Renshu45.java

c:¥src>java Renshu45
456 ÷ 123 = 3
456 % 123 = 87

c:¥src>
```

●図4-27　練習問題5の結果

問題6. **次のプログラムの誤りを指摘し、図4-28の実行結果が得られるように正しいプログラムに修正しなさい。**

▼リスト4-23　練習問題6

```
1. class Renshu46 {
2.     public static void main(String args[]) {
3.         System.out.println(456 + '÷' + 123 + '='  + (456/123));
4.     }
5. }
```

```
コマンド プロンプト

c:¥src>javac -encoding UTF-8 Renshu46.java

c:¥src>java Renshu46
456÷123=3

c:¥src>
```

●図4-28　練習問題6の結果

5-1 変数

プログラミングにおいて変数の概念は非常に重要です。変数をうまく使うことがプログラムのよしあしを決めてしまいます。この変数の概念と使い方を学びましょう。

5-1-1 演算子の復習と変数

4章の復習として、演算子を使った次のプログラムを考えてみましょう（リスト5-01）。

▼リスト5-01　演算子の復習プログラム（EnzanshiFukushu.java）

```
1. class EnzanshiFukushu {
2.     public static void main(String[] args){
3.         System.out.println(1 + 2);
4.         System.out.println(1 + 2 + 3);
5.         System.out.println(1 + 2 + 3 + 4);
6.         System.out.println(1 + 2 + 3 + 4 + 5);
7.     }
8. }
```

TIPS

演算子の前後に、見やすいように半角スペースを入れていますが、計算結果に影響はありません。

実行結果は図5-01になります。

```
コマンドプロンプト
c:¥src>javac EnzanshiFukushu.java

c:¥src>java EnzanshiFukushu
3
6
10
15

c:¥src>
```

●図5-01　EnzanshiFukushu.javaの実行結果

3行目と4行目の違いは、「+ 3」が追加されたこと、4行目と5行目の違いは、「+ 4」が追加されたことだけです。このプログラムでは、「1 + 2」という計算は共通していて、その結果に順次値を足しているのですが、前の行で行った計算と同じ計算をしてその後に新たに追加された数を足しています。

CHAPTER

5

データの保管

４章では、演算子を使った計算を学びました。数値や文字列を計算し処理するということは、皆さんがこれから学んでいくプログラミングの要素の中でとても重要な位置を占めます。数値や文字列をいかに効率よく処理するかが、プログラミングの技術が優れているかどうか、またプログラム自体が優れているかを決めると言っても過言ではありません。では、どうしたらより効率よく数値や文字列を計算し、処理できるのでしょうか？

実はプログラムを行う際、数値や文字列を一時的に保管しておくことができるのです。データを保管し、この保管されたデータを上手に活用することで、プログラムを簡略化することができたり、また複雑なプログラムを簡単に行うことができるようになったりします。

データを保管するということはどういうことなのか、どのように保管したらよいのか、学んでいきましょう。

何度も同じ計算をするのは無駄ですね。この無駄を省くために、**変数**を使ってみましょう。

変数はその名のとおり、値を自由に**変化させることができる数**のことで、**変数名**は変数に便宜上付けた名前のことです。変数は計算を効率よく行うために必要不可欠なものであり、Javaに限らずプログラミングを行うためには、必ず理解しなければならないほど重要で基本的な項目です。まずは実際に、変数を使ったプログラムを動かしてみましょう(**リスト5-02**)。

▼リスト5-02　変数を使ったプログラム(Hensu.java)

```
1. class Hensu {
2.     public static void main(String[] args){
3.         int x;
4. 
5.         x = 1 + 2;
6.         System.out.println(x);
7.         x = x + 3;
8.         System.out.println(x);
9.         x = x + 4;
10.        System.out.println(x);
11.        x = x + 5;
12.        System.out.println(x);
13.    }
14. }
```

プログラムを実行すると、**図5-02**のようになります。

```
コマンドプロンプト

c:¥src>javac Hensu.java

c:¥src>java Hensu
3
6
10
15

c:¥src>
```

●図5-02　Hensu.javaの実行結果

このプログラムのリストの3行目に、今までの例題プログラムでは出てこなかった命令がありますね。次ページでは、この3行目からプログラムの解説を行うことにします。

5-1-2 変数宣言

```
● 変数宣言 (リスト5-02　3行目)
int x;
```

この行では、**変数宣言**という作業をしています。3章の**表3-01**で示した、**int**(**イント**)という予約語が出てきています。このintは**integer**(**整数**)の略で、使用する変数が扱うデータの種類(これを**型**と呼ぶ)を示しています。intと書くことによって、「**整数を扱う変数を使います**」と明記しているのです。intの後ろにある「x」は、その**変数の名前**(**変数名**)を示しています。つまり、この行は「**これから、整数を扱うxという名前の変数をプログラム中で使います**」と宣言しているのです。この行以降、変数xを使うことができます(**図5-03**)。

TIPS
変数にはスコープという有効範囲が定められています。このスコープの外では変数を使うことができません。

● 図5-03　変数宣言のイメージ

5-1-3 代入

```
● 代入 (リスト5-02　5行目)
x = 1 + 2;
```

ここでは、新しい演算子「**=**」が登場しています。演算子「=」は**代入演算子**といい、右辺の値を左辺に入れます。これを**代入**(**だいにゅう**)と呼びます。

4章で学習した優先順位と結合規則を思い出してください。代入演算子の優先順位は、Javaのすべての演算子の中で最下位となる14位で、結合規則は「**右から左**」です。この5行では、「+」の演算が優先されるので、まず「1 + 2」が計算され、その計算結果である「3」が、左辺の変数xに代入されます。この代入によって、変数xの値は3になります(**図5-04**)。

算数では「=」は代入以外に、「等しい」という意味で使用されますが、Javaでは代入以外の意味はありませんので、**「xと3が等しいことを示しているのではない」**ということに注意してください。なお、変数を宣言した後、はじめてその変数に値を代入することを**初期化**と呼びます。

Javaでは、「等しい」を「==」で表現します。

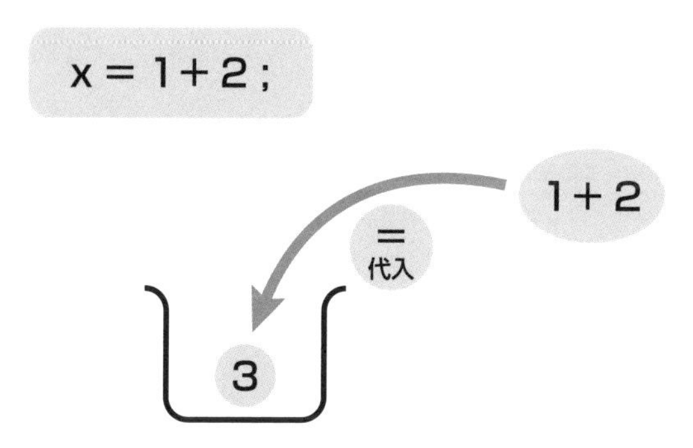

●図5-04　x = 1 + 2による計算結果を変数xへ代入

5-1-4 変数の表示

●変数の表示（リスト5-02　6行目）

```
System.out.println(x);
```

文字列の表示は、文字列を"でくくり、文字の表示は文字を'でくくることで行いました。しかし、6行目のxは、"や'でくくられていません。このxは文字ではなく、3行目で宣言した変数xなのです。printlnに、表示させるものとして変数を渡すと、その変数が持っている値が表示されます。この例では、5行目で変数xの値は3になっていますので、3が表示されます（図5-05）。

System.out.println(x);

System.out.println (3);

x

●図5-05　System.out.println(x);による変数xの値の表示

もちろん、6行目を次のようにすると変数xではなく文字xとして扱われます。この場合、3ではなく、文字xが表示されます。

```
System.out.println('x');
```

5-1-5 変数を使った足し算

● 変数を使った足し算（リスト5-02　8行目）
```
x = x + 3;
```

8行目では、変数を使った足し算と代入を行っています。5行目の式と比べてみましょう。

```
5. x = 1 + 2;
```

足し算の部分が、「1＋2」から、「x＋3」と、「数値＋数値」から「変数＋数値」に変わっています。しかし、数値が変数になっただけで演算自体は何も変わりません。変数xの値は3ですから、「x＋3」は、「3＋3」を意味しており、その結果の「6」を変数xに代入します。これによって、変数xの値は6に変化（上書き）します。

4行目の説明でも述べましたが、「=」は代入です。これを、等しい（等値）と考えると、「x＝x＋3は、xと、xに3を足したものが等しい」という、大変おかしな意味になってしまいます。代入と等値を混同しないように、気を付けてください（**図5-06**）。

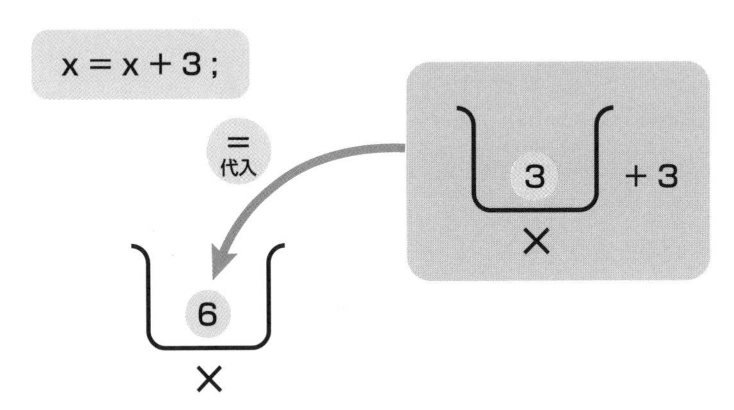

● 図5-06　変数を使った計算

5-1-6 演算後の変数の表示その1

● 演算後の変数の表示（リスト5-02　9行目）
```
System.out.println(x);
```

9行目は、6行目と全く同じように見えます。しかし、8行目で、変数xの値が、「3」から「6」に変わっていますから、このprintlnは「6」を表示させます。

5-1-7 演算後の変数の表示その2

▼リスト5-03　11行目以降(Hensu.java)

```
 9. x = x + 4;
10. System.out.println(x);
11. x = x + 5;
12. System.out.println(x);
```

11行目以降は、これまで説明した内容の繰り返しです。11行目と14行目で変数xに、「4」と「5」を足し、12行目と15行目で変数xの値を表示させています。

5-1-8 結果

Hensu.javaの実行結果は、変数を使っていないプログラム、Enzanshi_Fukushu.javaと同じ結果になっていました(図5-07)。

```
コマンドプロンプト

c:¥src>javac Hensu.java

c:¥src>java Hensu
3
6
10
15

c:¥src>_
```

●図5-07　Hensu.javaの実行結果

さて、このプログラムの説明で、「変数」や「変数宣言」、「型」、「代入演算子」などのキーワードが登場してきました。次ページ以降で、それぞれについて詳しく説明していきます。

5-2 変数の性質と使い方

ここまで変数を使ったプログラムを具体的に説明してきました。ここからは変数の性質と様々な使い方を説明していきます。

5-2-1 変数の性質

変数はよく、「箱」に例えて説明されます。例えば、Hensu.javaのプログラムで使用した変数xは、**xという名前の付いた箱**であると考えます。その箱にいろいろな値を、一時的に**1つだけ**しまっておくことができます。変数の値(箱の中身)は、Hensu.javaのように、あるときは3であり、次には6になるなど、変化していきます。

箱の中にどんな値をしまっておいたとしても、箱の名前は、xのまま変わりませんので、実際の値(箱の中身)を意識しなくても、名前だけでその値を扱うことができます。

このように便利な変数ですが、変数(箱)は**一度に1つの値しかしまっておくことができません**。新しい値をしまおうとすると、それまでしまっておいた値の上に新しい値を上書きしなければなりません。そのため、変数は過去にどんな値を扱って(しまって)いたとしても、現在の値しか扱うことができません(図5-08)。

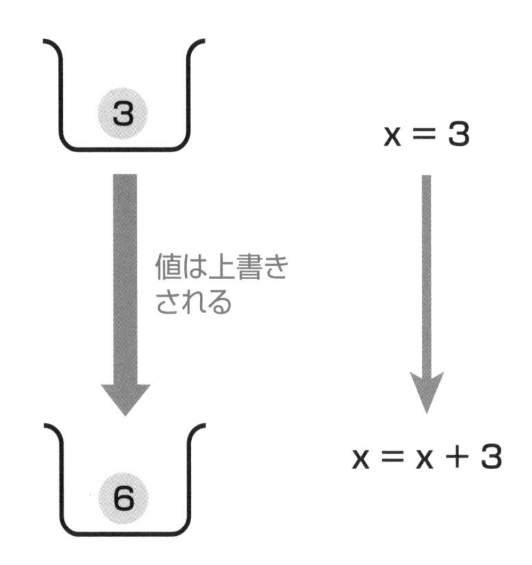

● 図5-08 変数の性質

箱の中身は1つだけなので、Hensu.javaで確認したように、ある瞬間には3が格納されており、また別の瞬間には6が格納されているのです。そして、その瞬間に格納されている値以外は、すぐに忘れられてしまいます。例えば、次の式を見てください。

```
x = x + 3
```

「x + 3」を計算する前までは、xという箱には、3が格納されていたかもしれませんが、「x + 3」の計算結果6を、「=」という代入演算子で、xに代入するために、それまでの3という値が、新しく6という値に上書きされたのです。

5-2-2 変数と型

変数は値を入れる箱と説明しましたが、実はこの箱は用途が決まっていて、同じ種類のデータならばどんなものでもしまっておくことができますが、原則として違う種類のデータはしまっておくことができません。

この変数の用途は、「文字を扱うもの」や「整数を扱うもの」というように、いくつかに分類されます。

この文字用や整数用といった用途を、「型」と呼びます。Javaで用意されている「型」には、「整数」「実数」「論理」「文字」を扱うためのものがあります。また整数を扱う型などには、扱う数の大きさ(範囲)によって、いくつかの種類が用意されています。

Javaで使用する型の一覧を**表5-01**から**表5-04**に示します。表中の左側が型の名前で、右側が扱うデータの範囲(下限〜上限)になっています。

●**表5-01　整数を扱うための型**

型名	範囲
byte	-128〜127
short	-3,2768〜3,2767
int	-2,147,483,648〜2,147,183,647
long	-9,223,372,036,854,775,808〜9,223,372,036,854,775,807

●**表5-02　実数を扱うための型**

型名	範囲
float	IEEE 754 32ビット形式
double	IEEE 754 64ビット形式

コンピュータはすべての実数を正確に表現することができません。そのため近似値が用いられます。

● 表5-03　文字を扱うための型

型名	範囲
char	Unicodeに準ずる

● 表5-04　論理を扱うための型

型名	範囲
boolean	true, falseのいずれか

5-2-3 変数の宣言

使用する変数の名前と型が決まったら、それをプログラムとして記述し、コンピューターに知らせなければなりません。使うデータの型に合った箱を用意してもらい、その箱に名前を付けるのです。この作業を**変数の宣言**といいます。

変数の宣言は次のように行います。なお、[ ]で囲まれた部分(, 変数名 ...)は省略できることを示しており、「...」はその前の部分(, 変数名)を繰り返すことができることを示しています。

構文

● 変数宣言の書式

```
型名 変数名 [, 変数名 ...] ;
```

Hensu.javaでは、整数を扱う変数xを宣言しました。整数を扱う型の中のintを使い、変数名をxとすると次のようになります。

● 整数型変数の宣言例

```
int x;
```

同じ型の変数であれば、一度に複数の変数名を、カンマで続けて記述することができます。つまり、一度に複数の変数を宣言できるのです。

int型の変数xとyを宣言するには次の2つの方法があります。

● 2つの整数型変数の宣言例（個別に宣言）

```
int x;
int y;
```

● 2つの整数型変数の宣言例（まとめて宣言）

```
int x, y;
```

変数の宣言は、その変数が必要なときに宣言することができます。次の**リスト5-04**では、xとyの合計を示す変数sumを、xとyの足し算を行う直前の9行目で宣言しています。

▼**リスト5-04　必要なときに変数宣言をする例（HensuSengen.java）**

```
1.  class HensuSengen {
2.      public static void main(String[] args){
3.          int x, y;
4.          x = 1;
5.          y = 2;
6.          System.out.println("x = " + x);
7.          System.out.println("y = " + y);
8.  
9.          int sum;
10.         sum = x + y;
11.         System.out.println("sum = " + sum);
12.     }
13. }
```

プログラムを実行すると、**図5-09**のようになります。

```
コマンドプロンプト

c:¥src>javac HensuSengen.java

c:¥src>java HensuSengen
x = 1
y = 2
sum = 3

c:¥src>
```

●**図5-09　HensuSengen.javaの実行結果**

また、変数名は自由に付けることができますが、次の条件を満たしていなければなりません。

● **変数宣言の条件**

- 1文字目は文字でなければならない
- 2文字目以降は文字か数字でなければならない

ところで、クラス名にも名前の付け方に決まりがありましたね。クラス名の規則では、文字は英字（AからZ、aからz）でなければなりませんでしたが、次のプログラムのように、変数名は英字以外の文字でも使用できます（**リスト5-05**）。

クラス名の付け方に関して、詳しくは3-1-2をご覧ください。

▼リスト5-05　ひらがなの変数名を使った例(HensuHiragana.java)

```
1. class HensuHiragana{
2.     public static void main(String[] args){
3.         int えっくす, y;
4.         えっくす = 1;
5.         y = 2;
6.         System.out.println("x = " + えっくす);
7.         System.out.println("y = " + y);
8. 
9.         int sum;
10.         sum = えっくす + y;
11.         System.out.println("sum = " + sum);
12.     }
13. }
```

なお、プログラム中に日本語を使用しているとコンパイル時にエラーが出ることがあります。そのような場合は、次のように-encoding UTF-8とjavacのオプションを指定してコンパイルを行ってください。

> **TIPS**
> メモ帳で「文字コード」に「ANSI」を指定して保存すると、-encodingを指定しなくても日本語の使用に関するエラーが発生しなくなることがあります。

● **日本語が文字化けしたときのコンパイラーの実行方法**

```
javac -encoding UTF-8 ソースファイル名
```

● **HensuHiragana.javaのコンパイルの実施例**

```
javac -encoding UTF-8 HensuHiragana.java
```

プログラムの実行結果は図5-10のとおりです。

```
選択コマンド プロンプト

c:¥src>javac -encoding UTF-8 HensuHiragana.java

c:¥src>java HensuHiragana
x = 1
y = 2
sum = 3

c:¥src>
```

● 図5-10　HensuHiragana.javaの実行結果

5-2-4 代入演算子

Hensu.javaの解説で述べたように、代入演算子「=」は、右辺の値を左辺に入れます。値を入れるのですから、左辺は必ず変数でなければなりません。また、変数には型がありました。代入する側(右辺)と代入される側(左辺)の型が合わないと、変数に値を入れることができないため、左辺と右辺の両方の型が一致している必要があります。

次に例をあげます。

● 代入演算子の正しい使用例

```
int sum;
sum = 1 + 2;
```

変数宣言と同時に初期化を行うこともできます。

● 変数宣言と同時に初期化

```
int sum = 1 + 2;
```

「=」の右辺は整数と整数の足し算ですから整数になります。左辺は整数型「int」の変数ですので、整数という型で一致しています。また、右辺の値も3なので、intで扱える範囲にあります。

一方、次の場合はどうでしょうか？

● 代入演算子の誤った使用例1

```
int x;
x = 1.0 / 2.0;
```

「=」の右辺は実数の割り算なので、計算結果は整数にはなりません。そのため、左辺と右辺の型が一致しないので、エラーになり、コンパイラーjavacは図5-11のエラーメッセージを出力します。

エラーメッセージは、インストールされているJDKのバージョンによって異なる場合があります。

```
コマンド プロンプト

c:¥src>javac KataFuichi.java
KataFuichi.java:4: エラー: 不適合な型: 精度が失われる可能性があるdoubleからintへの変換
    x = 1.0 / 2.0;
            ^
エラー1個

c:¥src>_
```

● 図5-11　右辺が実数、左辺が整数型intで、型が一致しない場合のエラーメッセージ

「精度が失われる可能性」というエラーメッセージが表示されました。精度が失われるとはどういう意味でしょうか？

```
x = 1.0 / 2.0
```

という式をよく見てください。右辺は、「実数÷実数」の計算です。割り算ですから、その答えは通常は実数になります。左辺の変数は、intで宣言したので整数ですから、小数点以下の値を持った実数は入りません。無理に代入しようとすると、整数部分だけの代入になり、小数点以下は切り捨てられてしまいます。そのため、「精度が失われる」とエラーになるのです。

5-2-5 キャスト

3.14などの実数を整数型の変数に代入すると、小数点以下の情報は失われてしまい、3になります。これは、実数を扱うことのできるものから整数しか扱うことができないものへ、値が変換されていることを意味しています。小数点以下の値が失われることは通常は好ましくないことですが、小数点以下の値は常に0になることが確実であり、問題が発生しないことがわかっているときなどは、意図的にこのような変換を行うことができます。

この変換を行うのが**キャスト**です。キャストは指定した型に値を変換する方法で、変換の対象となる値の前に変換したい型を()でくくって記述します。つまり、キャストは「データが変質する可能性があるけれども、それでもかまいません。」というプログラマーの意思表示なのです。

キャストの書式は次のとおりです。

構文
● キャストの書式
```
(変換後の型) 変換したいデータ;
```

この書式からわかるとおり、キャストの指定は元々の型には影響されず、変換後の型だけを記述します(**図5-12**)。

● 図5-12 キャスト

代入演算子の例題プログラムにキャストを使うと次のようになります。

● 代入演算子の誤った使用例2
```
int x;
x = (int)1.0 / 2.0;
```

しかし、ちょっと注意が必要です。実はこの例でもやはりエラーが発生します。「(int)」とキャストしているのにどうしてでしょうか？

確かにキャストしています。使い方は正しいのですが、「(int) 1.0」と、キャストが「1.0」という実数にしかかかっておらず、後の「2.0」はキャストされていません。つまり、右辺は1/2.0という整数/実数の計算になっています。実数を含む割り算の計算結果は実数になるので、左辺の整数型変数に代入することができないのです。そのため、代入を成功させるには次のどちらかでキャストを行わなければなりません。

● キャストの使用例1

```
int x;
x = (int)1.0/(int)2.0;
```

● キャストの使用例2

```
int x;
x = (int)(1.0/2.0);
```

キャストの使用例1では、割り算を行う前に分子と分母をともに整数に変換しています。整数同士の割り算ですからその答えは整数になるので代入が成功します。一方、キャストの使用例2では、実数同士のまま割り算をし、その結果(0.5)を整数に変換しているのです。どちらも代入は成功し、同じ結果が得られますが、変換のタイミングが異なっていることに注意してください。

では、具体的にこれらの例を使用したプログラムと実行結果を見てみましょう（リスト5-06、図5-13）。

▼ リスト5-06　キャストを行った演算例(Cast.java)

```
 1. class Cast {
 2.     public static void main (String[] args){
 3.         int x;
 4. 
 5.         x = (int)1.0 / (int)2.0;
 6.         System.out.println(x);
 7.         x = (int)(1.0 / 2.0);
 8.         System.out.println(+ x);
 9.     }
10. }
```

```
コマンド プロンプト

c:¥src>javac Cast.java

c:¥src>java Cast
0
0

c:¥src>_
```

●図5-13　Cast.javaの実行結果

キャストによって型の変換ができるようになりましたが、どんなときでもキャストが必要になるわけではありません。これまで述べてきたのはキャストによって「精度が失われる可能性がある」場合でしたね。今までとは逆に、整数を実数に代入することを考えてみましょう。整数は小数点以下の値を元々持っていないわけですから、実数に変換しても新たに失われる情報は何もありません。このように、精度が失われる可能性がなければキャストによる意思表示をする必要なく型の変換ができます。

精度が失われる変換を「ナローイング変換」、精度が失われない変換を「ワイドニング変換」と呼びます。

また、関連のない型同士ではキャストを行うことはできません。例えば、次のようなことをしても、"Hello!"という文字列を何らかの整数値に変換することはできないのです。

"123"のような文字列はInteger.parseIntメソッドを使うと整数（int型）に変換できます。

●代入演算子の誤った使用例3

```
int x;
x = (int) "Hello!";
```

ただし、'A'のような文字は文字コードという数値を扱うために、System.out.println((char)('A'+1));のようなキャストを行うことができます。文字型変数については、5-5を参照してください。

5-2-6 値の入れ替え

代入演算子が理解できたところで、複数の変数を用いた次のプログラムを見てください(**リスト5-07**)。

▼リスト5-07　代入演算子の例題プログラム(Dainyu.java)

```
1. class Dainyu {
2.     public static void main(String[] args){
3.         int a, b;
4. 
5.         a = 123;
6.         b = 456;
7.         System.out.println("a = " + a);
8.         System.out.println("b = " + b);
9.     }
10. }
```

Dainyu.javaの実行結果は**図5-14**のとおりです。これまでも類似したプログラムを何度も動かしていますから、実行結果がすぐに予測できたことでしょう。

```
コマンドプロンプト

c:¥src>javac Dainyu.java

c:¥src>java Dainyu
a = 123
b = 456

c:¥src>
```

●図5-14　Dainyu.javaの実行結果

このプログラムでは、3行目で変数宣言された2つのint型変数aとbを使っています。それぞれ**5行目**と**6行目**で、変数aには123が、変数bには456が入れられています。

それではこのプログラムに手を加えて、5行目と6行目に代入した、変数aの値と、変数bの値を入れ替えてください。最終的にbが123に、aが456になったら正解です。

どうでしたか？　次のIrekae.javaのようにプログラムを変更した人はいませんか(**リスト5-08**)？

▼リスト5-08　変数の入れ替えプログラム（Irekae1.java）

```
1.  class Irekae1 {
2.      public static void main(String[] args){
3.          int a, b;
4.  
5.          a = 123;
6.          b = 456;
7.  
8.          a = b;
9.          b = a;
10.         System.out.println("a = " + a);
11.         System.out.println("b = " + b);
12.     }
13. }
```

8行目で、変数aに変数bの値を入れ、**9行目**で、変数b に変数a の値を入れました。一見、値の交換ができたように思えますが、本当にうまくいっているでしょうか？　プログラムを実行して確認してみましょう（**図5-15**）。

```
コマンド プロンプト

c:¥src>javac Irekae1.java

c:¥src>java Irekae1
a = 456
b = 456

c:¥src>
```

●**図5-15　Irekae1.javaの実行結果**

変数aも変数bもどちらも456になってしまいました。どうして変数bは123にならないのでしょうか。

もう一度、5-2-1の変数の説明を思い出してください。**変数は１つの値しか入れておくことができません**でした。そのため、新しい値が入ると前の値は消えてしまうのです。8行目の代入が行われたときに、変数a に変数b の値456が代入されて、それまでaが格納していた123という値が消えてしまい、新しく456という値が入ってきたのです。9行目を実行する時点で、すでに変数aは456ですから、変数bに456という値を代入してしまったのです。結局、変数bは456のままとなり、どちらも456という値になってしまったのです（**図5-16**）。

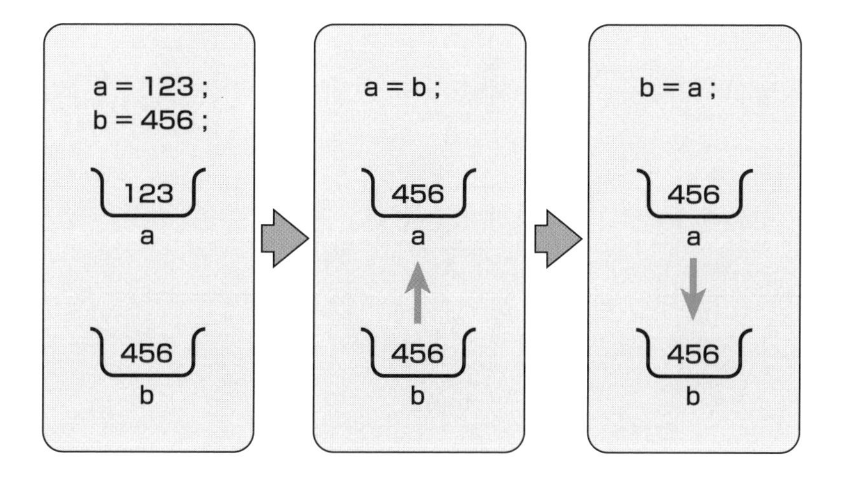

●図5-16　Irekae1.javaの実行内容

では、どうすれば変数の間で値を交換できるのでしょうか？　答えは簡単です。変数に格納された値を一時的に預かる別の変数を、別に用意すればよいのです（リスト5-09）。

▼リスト5-09　変数の入れ替えプログラム2(Irekae2.java)

```
1. class Irekae2 {
2.     public static void main(String[] args){
3.         int a, b;
4.
5.         a = 123;
6.         b = 456;
7.
8.         int tmp;
9.         tmp = a;
10.        a = b;
11.        b = tmp;
12.        System.out.println("a = " + a);
13.        System.out.println("b = " + b);
14.    }
15. }
```

Irekae2.javaでは、一時的に値を預かる変数として、tmp（temporaryの略：一時的な、間に合わせのという意）を使いました。

変数間の値の受け渡しを図にすると次のようになります（図5-17）。

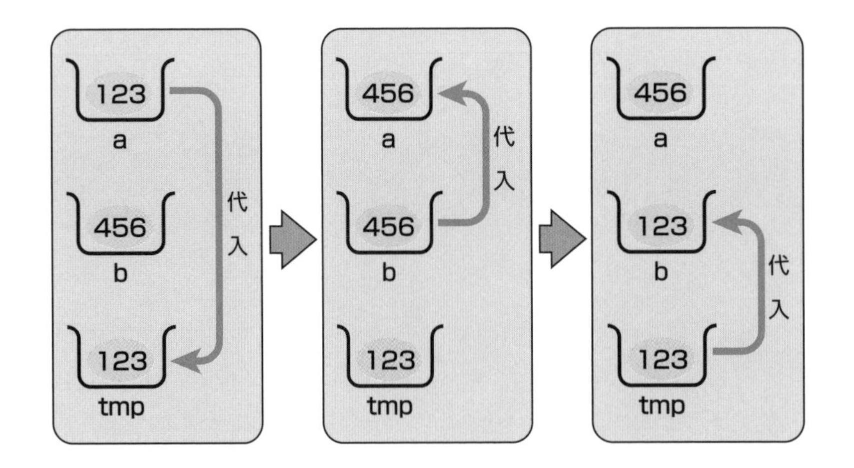

● 図5-17　変数間の値の受け渡し

TIPS

変数名を付ける際には、リスト5-09におけるtmpのように変数の働きを意味する名前を付けるよう心がけてください。コメント同様、より明確でわかりやすいプログラムを作る際の工夫の1つです。

さて、変数を3つ使ったプログラムで、正しく値の交換ができているでしょうか。実行して確認しましょう（図5-18）。

```
コマンド プロンプト

c:¥src>javac Irekae2.java

c:¥src>java Irekae2
a = 456
b = 123

c:¥src>
```

● 図5-18　Irekae2.javaの実行結果

正しく変数の値が交換されていますね。

以上で、変数や代入演算の説明は終了です。5-3以降では、各変数について、その使い方を例題プログラムとともに紹介していきます。

5-3 整数型変数

変数を使うには型の種類を指定する必要があります。ここでは、整数を扱う変数の型について解説します。

5-3-1 整数の型

整数を扱う変数の型には、その扱う数値の範囲によって、byte(バイト)、short(ショート)、int、long(ロング)の4種類が用意されています(表5-05)。年齢などのデータを扱う場合は、byteで充分かもしれませんし、国家予算を1円の単位まで含めて計算をするならば、longでなければならないでしょう。このようにプログラムの目的によって、最適な型を選ぶことになりますが、この型の違いに頭を悩ませる必要はありません。特に制約がない場合、整数型ではintを使用してください。

●表5-05 整数型変数

型名	範囲
byte	-128～127
short	-32,768～32,767
int	-2,147,483,648～2,147,483,647
long	-9,223,372,036,854,775,808～9,223,372,036,854,775,807

TIPS

文字を扱うchar型も整数型に分類されています。

5-3-2 int型変数の使い方

int型の変数宣言は次のように行います。

構文

●変数宣言の書式

```
int 変数名 [, 変数名 ...] ;
```

int型の変数を使って、年齢から生まれた年(西暦)を算出するプログラムを作ってみましょう(リスト5-10)。

生まれた年の計算は、「今年(西暦)- 年齢」で計算できます。例えば、今年(2020年)に20歳になった人や、なる人は「2020-20 = 2000」ですから、2000年生まれということになります。今年生まれた人は、まだ0歳ですから「2020-0 = 2020」です。

▼リスト5-10　int型変数を使ったプログラム（Hensu_int.java）

```
1. class Hensu_int1{
2.     public static void main(String[] args){
3.         int thisyear, year, age;
4. 
5.         thisyear = 2020;
6.         age = 100;
7.         year = thisyear - age;
8.         System.out.println("あなたは西暦" + year +"年生まれです。");
9.     }
10. }
```

8行目でエラーが発生しその部分が文字化けしている場合、文字コードが正しくない可能性があります。UTF-8で保存していることと、コンパイル時のオプションに「-encoding UTF-8」を指定していることを確認してください。それでも文字化けが起きる場合は、8行目の日本語をローマ字に替えて動作確認をしてください。

Hensu_int.javaの実行結果は**図5-19**のとおりです。

```
コマンドプロンプト

c:¥src>javac -encoding UTF-8 Hensu_int.java

c:¥src>java Hensu_int
あなたは西暦1920年生まれです。

c:¥src>
```

●図5-19　Hensu_int.javaの実行結果

5-3-3 他の整数型変数の使い方

byte型、short型、long型の変数宣言はそれぞれ次のように行います。

構文

●**変数宣言の書式**
```
byte 変数名 [, 変数名 ...] ;
short 変数名 [, 変数名 …];
long 変数名 [, 変数名 …];
```

byte型の変数を使って、年齢を表示するプログラムを作成してみましょう。byte型の上限は127ですが、将来128歳以上の人も出てくるかもしれません。byte型は-128から127までの範囲なので、年齢には使えない-128から-1までの部分も使ってプログラムしてみましょう（**リスト5-11**）。プログラム中では、年齢から-128をすることで、0歳を-128歳に、128歳を0歳として、0歳から255歳までの年齢を扱うことができるようにします。

▼ リスト5-11　byte型変数を使ったプログラム(Hensu_byte.java)

```
1. class Hensu_byte {
2.   public static void main(String[] args) {
3.     byte age;
4.
5.     age = 52 - 128;
6.     System.out.println("あなたは" + (age + 128) + "歳です。");
7.   }
8. }
```

Hensu_byte.javaの実行結果は、**図5-20**のとおりです。

```
コマンドプロンプト

c:¥src>javac -encoding UTF-8 Hensu_byte.java

c:¥src>java Hensu_byte
あなたは52歳です。

c:¥src>
```

● 図5-20　Hensu_byte.javaの実行結果

5行目で変数ageに年齢から、128を引いた値を入れ、**6行目**のprintlnで表示するときに128を足しているのがポイントです。また、数値の計算を先に行うため6行目で「(age + 128)」と括弧を使っています。

short型は最大32,767までの値を扱うことができます(**リスト5-12**)。

▼ リスト5-12　short型変数を使ったプログラム (Hensu_short.java)

```
1. class Hensu_short {
2.     public static void main(String[] args){
3.         short age;
4.
5.         age = 300;
6.
7.         System.out.println("この木の樹齢は" + age + "歳です。 ");
8.     }
9. }
```

Hensu_short.javaの実行結果は**図5-21**のとおりです。

```
コマンドプロンプト

c:¥src>javac -encoding UTF-8 Hensu_short.java

c:¥src>java Hensu_short
この期の樹齢は300歳です。

c:¥src>
```

● **図5-21 Hensu_short.javaの実行結果**

longは最大9,223,372,036,854,775,807までの非常に大きな値を扱うことができます。これを利用して、1年を365日として、生まれてから今年で何年経過したかを秒で表示してみましょう。1分は60秒、60分で1時間ですので、3600秒が1時間になり、1日は24時間なので、「24(時間)×3600(秒)」で86400秒です(**リスト5-13**)。

▼ **リスト5-13 long型変数を使ったプログラム(Hensu_long.java)**

```
1.  class Hensu_long {
2.      public static void main(String[] args){
3.          int age;
4.          long time;
5.
6.          age = 52;
7.
8.          time = age * 365 * 24 * 60 * 60;
9.
10.         System.out.println("あなたが生まれてから" + age +
    "年経ちました。");
11.         System.out.println("これを秒で表すと" + time +
    "秒です。");
12.     }
13. }
```

Hensu_long.javaの実行結果は**図5-22**のとおりです。

```
コマンドプロンプト

c:¥src>javac -encoding UTF-8 Hensu_long.java

c:¥src>java Hensu_long
あなたが生まれてから52年経ちました。
これを秒で表すと1639872000秒です。

c:¥src>
```

● **図5-22 Hensu_long.javaの実行結果**

5-4 実数型変数

実数型変数も整数型変数のように扱う数値の範囲によって、「float」と「double」の2つが用意されています。

5-4-1 実数の型

小数も扱うことができる実数型はfloat（フロート）とdouble（ダブル）の2つしかありません（表5-06）。整数型ではint型を使用することを推奨しましたが、実数型ではfloatとdoubleのどちらを使うのがよいかは、小数点以下何桁まで扱うかによって決まります。

● 表5-06 実数型変数

型名	範囲
float	IEEE 754 32ビット形式
double	IEEE 754 64ビット形式

例えば、0.1と0.11は異なる値ですが、0.11の小数点第2位を四捨五入すると、0.1と0.1で同じ値になってしまいます。このように、扱うことのできる範囲が小さいと、その変数は誤差を含む可能性が出てきます。そのため、実数型変数を扱うときには、扱う範囲がより大きいdoubleを使用するのが一般的です。

5-4-2 double型変数の使い方

double型の変数宣言は次のように行います。

構文

● 変数宣言の書式

```
double 変数名 [, 変数名 ...] ;
```

このdouble型を使って、標準体重を計算するプログラムを作成してみましょう（リスト5-14）。標準体重の計算方法にはいくつか方法がありますが、ここでは、BMI（Body Mass Index）という指数を使った標準体重の計算法を使用します。この方法の標準体重の計算式は次のとおりです。

● **標準体重の計算法 (BMI)**

```
標準体重 = 22 x 身長 (m) × 身長 (m)
```

ここで、身長の単位は、cm(センチ)ではなく、m(メートル)であることに注意してください。

▼ **リスト5-14 double型変数を使ったプログラム(Hensu_double.java)**

```
1. class Hensu_double {
2.   public static void main(String[] args) {
3.     double shincho, taiju;
4. 
5.     shincho = 1.75;
6.     taiju = 22 * shincho * shincho;
7.     System.out.print("身長" + shincho + "mの人の標準体重は");
8.     System.out.println(taiju + "kgです。");
9.   }
10. }
```

Hensu_double.javaの実行結果は、**図5-23**のとおりです。

```
コマンドプロンプト

c:¥src>javac -encoding UTF-8 Hensu_double.java

c:¥src>java Hensu_double
身長1.75mの人の標準体重は67.375kgです。

c:¥src>
```

● **図5-23 Hensu_double.javaの実行結果**

5-4-3 float型変数の使い方

float型の変数宣言は次のように行います。

構文

● **変数宣言の書式**

```
float 変数名 [, 変数名 ...] ;
```

float型変数の練習として、もう1つの標準体重の計算法を使ったプログラムを作成してみましょう(**リスト5-15**)。この方法では、身長の単位がcmであることに気を付けてください。

```
標準体重 = (身長cm - 100) x 0.9
```

▼リスト5-15　float型変数を使ったプログラム（Hensu_float1.java）

```
1. class Hensu_float1 {
2.   public static void main(String[] args) {
3.     int shincho;
4.     float taiju;
5.
6.     shincho = 175;
7.     taiju =(shincho - 100) * 0.9f;
8.     System.out.print("身長" + shincho + "mの人の標準体重は");
9.     System.out.println(taiju + "kgです。");
10.   }
11. }
```

TIPS

0.9のように小数点を含む実数を表現する場合、通常はdouble型が使われます。float型を利用するには、「0.9f」のように実数の末尾に「f」を付けます。

Hensu_float1.javaの実行結果は**図5-24**のとおりです。

```
コマンドプロンプト

c:¥src>javac -encoding UTF-8 Hensu_float1.java

c:¥src>java Hensu_float1
身長175mの人の標準体重は67.5kgです。

c:¥src>
```

●図5-24　Hensu_float1.javaの実行結果

5-4-4 接尾辞

Hensu_float.javaの7行目には、0.9fという表記があります。これは、0.9のタイプミスではなく、fにはちゃんとした意味があります。

それを確認するために、0.9に続くfを削除したHensu_float2.java（**リスト5-16**）を作成して、コンパイルしてみましょう。

▼リスト5-16　float型変数の実験（Hensu_float2.java））

```
1. class Hensu_float2 {
2.   public static void main(String[] args) {
3.     int shincho;
4.     float taiju;
5.
6.     shincho = 175;
7.     taiju =(shincho - 100) * 0.9;
8.     System.out.print("身長" + shincho + "mの人の標準体重は");
9.     System.out.println(taiju + "kgです。");
10.   }
11. }
```

Hensu_float2.javaの実行結果は**図5-25**のとおりです。

```
コマンドプロンプト

c:¥src>javac -encoding UTF-8 Hensu_float2.java
Hensu_float2.java:7: エラー: 不適合な型: 精度が失われる可能性があるdoubleからfloatへの変換
    taiju =(shincho - 100) * 0.9;
                           ^
エラー1個

c:¥src>
```

● **図5-25　コンパイル結果（エラーメッセージ）**

このように、fを外すとdouble型からfloat型への変換が行われているというエラーメッセージが表示されます。これは、0.9という値がJavaではdouble型として扱われているということを表しています。変数weightはfloat型なので、0.9をfloat型にして計算させる必要があります。数値の後に**接尾辞**（**せつびじ**）を付けることで、0.9をfloat型の数値として扱うことができます。float型を表す接尾辞はfまたはFなので、0.9fあるいは0.9Fと表記すると、0.9はfloat型として扱われます。

同様に、整数は接尾辞を付けないとint型として扱われます。long型として扱うためには、接尾辞lまたはLを使用します。

5-2-5で説明したキャストを使う方法もあります。その場合は、weight = (height - 100) * (float)0.9;となります。

5-5 文字型変数

文字型変数は、charの1つだけです。Javaでは文字コードにUnicodeを使用しています。

5-5-1 文字の型

文字を扱う変数はchar（チャー）という型を指定して宣言します（表5-07）。初期化を行う場合には、'A'や'b'のように、文字を'で囲む必要があります。

●表5-07　文字型変数

型名	範囲
char	Unicodeに準ずる

char型の変数宣言は次のように行います。

構文
●変数宣言の書式
```
char 変数名 [, 変数名 ...] ;
```

TIPS
char型は0～65535を扱う整数型の1つです。なぜ整数型なのかは4-4-3を参照してください。

実際にchar型変数を用いたプログラムを動作させてみましょう（リスト5-17）。

▼リスト5-17 char型変数を使ったプログラム（Hensu_char.java）

```
 1. class Hensu_char {
 2.     public static void main(String[] args) {
 3.         char moji_H, moji_E, moji_L, moji_O;
 4.
 5.         moji_H = 'H';
 6.         moji_E = 'E';
 7.         moji_L = 'L';
 8.         moji_O = 'O';
 9.
10.         System.out.print(moji_H);
11.         System.out.print(moji_E);
12.         System.out.print(moji_L);
13.         System.out.print(moji_L);
14.         System.out.println(moji_O);
15.     }
16. }
```

Hensu_char.javaの実行結果は**図5-26**のとおりです。

```
コマンド プロンプト

c:¥src>javac Hensu_char.java

c:¥src>java Hensu_char
HELLO

c:¥src>
```

● **図5-26　Hensu_char.javaの実行結果**

5-5-2 Stringクラス

これまでの説明でわかるように、Javaでは文字を扱う型はchar型しかなく、文字の集まりである文字列を扱う変数の型がありません。しかし、**String（ストリング）**というクラスを使用することで文字列を扱うことができます。本章の本題からは少しそれますが、文字列を変数として扱えると大変便利ですので、**Stringクラス**の使い方の紹介を行います。

型を格納する「箱」は、変数です。クラスを格納する「箱」は、**オブジェクト**という呼び方をします。オブジェクトは、これまで説明してきた変数に、いろいろな機能が付け加わったものです。「オブジェクトは変数がもっと便利になったもの」と考えてください。

構文　● **Stringオブジェクト宣言の書式**

```
String オブジェクト名 = "文字列";
```

クラスでは、変数名の代わりに「オブジェクト名」という呼び方をします。

早速Stringクラスを使ってプログラムを作ってみましょう（**リスト5-18**）。

▼ **リスト5-18　Stringオブジェクトを使ったプログラム（Obj_String1.java）**

```
1. class Obj_String1 {
2.     public static void main(String[] args){
3.         String message1 = "Good ";
4.         String message2 = "morning.";
5.         String message3 = "afternoon.";
6.         String message4 = "evening.";
7.
```

（3～6行目：文字列を代入）

```
 8.         System.out.println(message1 + message2);
 9.         System.out.println(message1 + message3);
10.         System.out.println(message1 + message4);
11.     }
12. }
```

文字列を表示

Obj_String1.javaの実行結果は図5-27のとおりです。

```
コマンドプロンプト

c:¥src>javac Obj_String1.java

c:¥src>java Obj_String1
Good morning.
Good afternoon.
Good evening.

c:¥src>
```

●図5-27　Obj_String1.javaの実行結果

3〜6行目のように、Stringクラスのオブジェクトを宣言するときに、「=」(代入演算子)で、文字列を一緒に代入していることに注意してください。この代入は、5-1-3で解説した変数の代入と同じですね。

Stringオブジェクトでは、次のプログラムのように文字列を足し算した結果を代入することもできます(リスト5-19)。

▼リスト5-19　Stringオブジェクトを使ったプログラム2(Obj_String2.java)

```
 1. class Obj_String2 {
 2.     public static void main(String[] args){
 3.         String message1 = "Good ";
 4.         String message2 = "morning.";
 5.         String message3 = "afternoon.";
 6.         String message4 = "evening.";
 7.         String message;
 8. 
 9.         message = message1 + message2;
10.         System.out.println(message);
11. 
12.         message = message1 + message3;
13.         System.out.println(message);
14. 
15.         message = message1 + message4;
16.         System.out.println(message);
17.     }
18. }
```

文字列の足し算

Obj_String2.javaの実行結果は**図5-28**のとおりです。

```
コマンドプロンプト

c:¥src>javac Obj_String2.java

c:¥src>java Obj_String2
Good morning.
Good afternoon.
Good evening.

c:¥src>
```

● 図5-28　Obj_String2.javaの実行結果

3〜7行目で5つのStringオブジェクトを宣言しています。実際に文字列の表示を行っているのは**10、13、16行目**で、「System.out.println(message)」と、messageという1種類のオブジェクトしか利用していません。なぜでしょうか？

9行目では、

```
9. message = message1 + message2;
```

とmessage1とmessage2を足した文字列をmessageに代入しています。**12行目**では、

```
12. message = message1 + message3;
```

とmessage1とmessage3を足した文字列を新たにmessageに代入をしています。その結果、messageの値は、9行目で代入された値は上書きされ、新しい値「message1 + message3」になったのです。これを**15行目**でも行っています。結果的に、messageは3つの値をそれぞれ代入され、それぞれが表示されたのです。

また、Stringクラスには**lengthメソッド**があります。lengthメソッドを使うと、文字列の長さを調べることができます。lengthメソッドを使って、「Good morning.」などの文字列が何文字でできているかを表示させてみましょう（**リスト5-20**）。

▼ リスト5-20　Stringオブジェクトを使ったプログラム3(Obj_String3.java)

```
1. class Obj_String3 {
2.     public static void main(String[] args){
3.         String message1 = "Good ";
4.         String message2 = "morning.";
5.         String message3 = "afternoon.";
6.         String message4 = "evening.";
```

```
 7.         String message;
 8. 
 9.         message = message1 + message2;
10.         System.out.println(message.length());
11. 
12.         message = message1 + message3;
13.         System.out.println(message.length());
14. 
15.         message = message1 + message4;
16.         System.out.println(message.length());
17.     }
18. }
```

Obj_String3.javaの実行結果は図5-29のとおりです。

```
コマンド プロンプト

c:¥src>javac Obj_String3.java

c:¥src>java Obj_String3
13
15
13

c:¥src>_
```

●図5-29　Obj_String3.javaの実行結果

「Good」と「morning」の間の空白も、1文字として数えていることに注意してください。

lengthメソッドのように、Stringクラスでは文字列の操作に役立つ様々なメソッドが用意されています。代表的なものを表5-08に示します。

●表5-08　代表的な文字列操作メソッド

メソッド	働き
charAt()	指定した位置にある文字を調べる
toLowerCase()	すべて小文字に変換する
toUpperCase()	すべて大文字に変換する
equals()	文字列が等しい場合はtrue、等しくなければfalse

5-6 論理型変数

trueかfalseかという2種類の判断を扱うための変数の型があります。

5-6-1 論理を扱う型

論理型変数はboolean（ブーリアン）の1種類だけです（表5-09）。値は、true（トゥルー）またはfalse（フォルス）のいずれかでなければなりません。

●表5-09　論理型変数

型名	範囲
boolean	true, falseのいずれか

boolean型の変数宣言は次のように行います。

構文
● 変数宣言の書式
```
boolean 変数名 [, 変数名 ...] ;
```

実際にboolean型変数を用いたプログラムを動作させてみましょう（リスト5-21）。

▼リスト5-21　boolean型変数を使ったプログラム(Hensu_boolean.java)

```
 1. class Hensu_boolean {
 2.     public static void main(String[] args){
 3.         boolean yes, no;
 4.
 5.         yes = true;
 6.         no = false;
 7.
 8.         System.out.println("yes = " + yes);
 9.         System.out.println("no = " + no);
10.     }
11. }
```
（5～6行目）文字列ではない（"でくくられていない）ことに注意

変数yesにtrueが、変数noにfalseが、それぞれ代入されていますが、trueやfalseが"でくくられていないことに注意してください。

論理型では、trueとfalseは文字列ではなく、値そのものなのです。もし、"true"のように文字列にしてしまうと、論理型に文字列を代入しようとしていることになり、エラーになります。

Hensu_boolean.javaの実行結果は**図5-30**のとおりです。

```
コマンドプロンプト

c:¥src>javac Hensu_boolean.java

c:¥src>java Hensu_boolean
yes = true
no = false

c:¥src>
```

●図5-30　Hensu_boolean.javaの実行結果

boolean型は主として次章以降で述べる条件判断に使用しますので、具体的な使用法については、6-1で説明を行います。

5-7 型推論による変数宣言

変数を初期化するときの値がわかれば、その変数がどのような型でなければならないのか、ある程度推測をすることができます。これまでに学んだように、プログラマが明示的にに型を示すことをせず、必要な型をコンパイラに判断させることが型推論によって可能になります。

5-7-1 型の推論

変数宣言と同時に初期化をすれば、初期化に用いる値がどんな型なのかを判断することができます。これを型推論といい、varを使用して変数を宣言すると、その変数は初期化する値に適した型で宣言したことと同じになります。ただし、varでは複数の変数を宣言することはできないので、同じ型であってもひとつひとつvarによる変数宣言と初期化を行う必要があります。

型推論を利用したプログラムが**リスト5-22**です。

▼リスト5-22 型推論を利用したプログラム（Suiron.java）

```
 1. class Suiron {
 2.   public static void main(String[] args) {
 3.     var x = 123;
 4.     var y = 4.56;
 5.     var z = "Hello.";
 6.     System.out.println(x);
 7.     System.out.println(y);
 8.     System.out.println(z);
 9.   }
10. }
```

Suiron.javaの実行結果は**図5-31**のとおりです。

```
コマンド プロンプト

c:¥src>javac Suiron.java

c:¥src>java Suiron
123
4.56
Hello.

c:¥src>_
```

●図5-31 Suiron.javaの実行結果

構文

● 型推論による変数の宣言

```
var 変数名 = 値;
```

● 型推論による変数宣言の例

```
var num = 123;  ←── int num = 123; として宣言したのと同じ
var num = 1.23; ←── double num = 1.23; として宣言したのと同じ
```

要点整理

- 変数は計算を効率よく行うために必要不可欠なものである。
- 変数は値を格納することができる。
- 変数を使うためには変数宣言を行う必要がある。
- 演算子「=」は、代入演算子であり右辺の値を左辺に入れる働きをする。
- 変数の表示は数値の表示同様、" や ' でくくらずに変数名を書く。
- 変数には型があり、格納する値によって型を使い分ける必要がある。
- 整数を扱うための型には、byte、short、int、long がある。
- 実数を扱うための型には、float、double がある。
- 文字を扱うための型には、char がある。
- 文字列を扱うための型には、String がある。
- 論理を扱うための型には、boolean がある。
- var を使って変数宣言すると、型はコンパイラによって決定される。

練習問題

問題1. 整数型変数int、short、long、byte、を扱える範囲が狭いものから順に並べなさい。

問題2. 次のうち変数名として利用できるものはどれか、選びなさい。

① h=ensu
② へんすう
③ 77hensu
④ int

問題3. 次のプログラムをコンパイルするとエラーが発生する。エラーの原因となっている箇所を修正し、さらに図5-32と同様の結果が得られるよう、プログラムを書き換えなさい。

▼リスト5-23　練習問題3

```
 1. class Renshu53{
 2.     public static void main(String[] args){
 3.         int x;
 4.         double y;
 5.         char z;
 6. 
 7.         x = 1.0/2.0;
 8.         y = 1/2;
 9.         z = 66;
10. 
11.         System.out.println("x = " + x);
12.         System.out.println("y = " + y);
13.         System.out.println("z = " + z);
14.     }
15. }
```

```
コマンドプロンプト

c:¥src>javac Renshu53.java

c:¥src>java Renshu53
x = 0
y = 0.5
z = B

c:¥src>
```

●図5-32　練習問題3の実行結果

問題4. 次のプログラムに入れ替え処理を書き加えて、実行結果が図5-33になるようにしなさい。ただし、追加してよい変数は２つまでとします。

▼リスト5-24　練習問題4

```
 1. class Renshu54 {
 2.     public static void main(String[] args) {
 3.         int a,b,c;
 4.
 5.         a = 100;
 6.         b = 200;
 7.         c = 300;
 8.
 9.         System.out.println("a = " + a);
10.         System.out.println("b = " + b);
11.         System.out.println("c = " + c);
12.     }
13. }
```

```
コマンド プロンプト

c:¥src>javac Renshu54.java

c:¥src>java Renshu54
a = 300
b = 100
c = 200

c:¥src>
```

●図5-33　練習問題4の実行結果

問題5. 次の計算式は、体重(kg)と身長(m)から肥満度(BMI)を求めるものです。この式を使い、空欄を埋めて肥満度を求めるプログラムを作成しなさい。なお、肥満度は小数点以下も表示すること。

```
肥満度 = 体重 (kg) ÷ 身長 (m) × 身長 (m)
```

▼ リスト5-25 練習問題5

```
1.  class Renshu55 {
2.      public static void main(String args[]){
3.          [ ① ] height, weight, BMI;
4.  
5.          height = 1.75;
6.          weight = 65.0;
7.          BMI = [ ② ]/([ ③ ]*[ ③ ]);
8.  
9.          System.out.print("身長" [ ④ ] height [ ④ ] "m, 体重" [ ④ ]
    weight [ ④ ] "kgの人の肥満度は");
10.         System.out.println(BMI [ ④ ] "です。");
11.     }
12. }
```

問題6. 問題5のプログラム(Renshu55.java)を、型推論を使用したものに書き換えなさい。

CHAPTER

6

条件判断

だんだんプログラムの本質的な部分にせまってきました。ここまで学んだことは理解できているでしょうか?

６章では条件判断について学習します。条件判断を学習するには関係演算子の知識も重要となってきます。演算子については、４章では主に算術演算子を取り上げました。関係演算子については、条件判断を学びながら同時に覚えていきましょう。

6-1 判断（if）

ifはプログラムに幅を持たせるための重要なキーワードです。条件によってプログラムの流れを変える方法を学びましょう。

6-1-1 もし〜ならば

これまでに紹介したプログラムでは、処理の流れが上から下に順番に実行される一本道のプログラムでした。ここからは、処理の流れをある特定の条件によって変化させるプログラムの作成法について学んでいきます。

プログラムの流れを変化させるものを**制御構造**といいます。制御構造には、これまでの上から下へ順番に処理が行われる**順次**、ある特定の条件で処理を行う**判断**、同じ処理を何度も行う**繰り返し**の3つがあります。

6章では、その1つである**判断**について説明を行います。

「もし、時間に余裕があったらパソコンショップによってみよう。」とか、もし、おこづかいが余っていたらJavaの入門書を買ってみよう。」など、「もし〜ならば」という「判断に基づく動作の決定」は私たちの普段の生活でもよくあることです。

「時間に余裕があったら」とか「おこづかいが余っていたら」のように、ある特定の条件が成り立ったときにだけ特別の処理を行うプログラムを記述することができます（**図6-01**）。

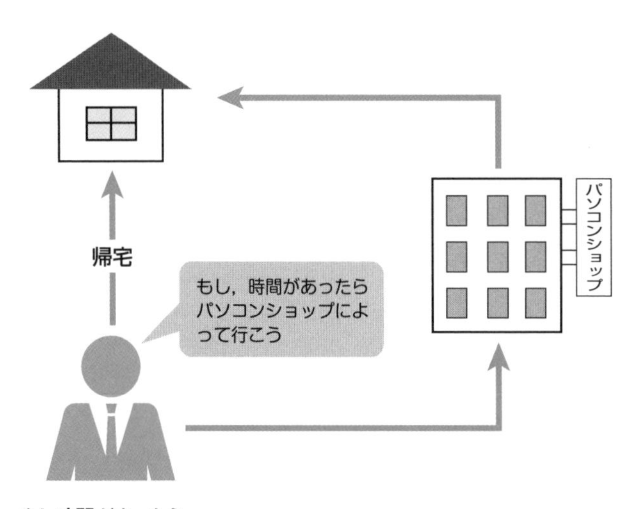

●図6-01　もし時間があったら

6-1-2 ifと関係演算子

「もし、××ならば、○○を実行する」というように、条件が成立するかしないかの判断を行った後に処理を実行するには、**if(イフ)**を利用します。「判断」の部分には4-1で少しだけ紹介した**関係演算子**や5-6で紹介した**論理型変数**を使用します。

具体的な例を示す前に、**if**の書式を紹介します。

構文

● 条件判断ifの書式

```
if (条件式) {
    条件が正しいときに実行する内容;
}
```

条件式は**true(正しい)**か**false(正しくない)**の2つの値をとるものでなければなりません。この2つの値をとるものには、boolean型の変数と、関係演算子による演算結果があり、条件にはこれらのどちらかが用いられている必要があります(**図6-02**)。

● 図6-02　条件

それでは、ifの例として5章で使った標準体重(BMI)を使ったプログラムを考えてみることにします。

標準体重を求める式は「標準体重 = 22 ×(身長 m)^2」です。これを元に、次の式で肥満率を計算します。

● **肥満率の公式**

$$肥満率(\%) = \frac{(実測体重-標準体重)}{標準体重} \times 100(\%)$$

この肥満率が20%以上だと太りすぎといわれています。

プログラムの作成に入る前に、これまでその存在しか紹介していなかった**関係演算子**の説明を行います。関係演算子は左辺と右辺の2つの関係が正しい(true)か正しくない(false)かを評価するものです。

関係演算子には次の6つがあります(**表6-01**)。

● **表6-01 関係演算子**

演算子	意味	使用例	結果(a=123のとき)
==	等しい	a == 123	true
!=	等しくない	a != 123	false
<	大きい	a < 123	false
>	小さい	a > 123	false
<=	以下	a <= 123	true
>=	以上	a >= 123	true

この関係演算子を使って、肥満率が20%以上のときに太りすぎのメッセージを表示するプログラムを作ってみましょう(**リスト6-01**)。以下の例では、身長1.75mで体重100kgの人の場合の計算を行っています。

▼ **リスト6-01 if文を使ったプログラム例(Himanritu1.java)**

```
 1. class Himanritu1 {
 2.     public static void main(String[] args){
 3.         double height, weight, fat;
 4.
 5.         height = 1.75;  ← 身長
 6.         weight = 22 * height * height;  ← 標準体重
 7.         fat = (100 - weight) / weight * 100;  ← 肥満率
 8.
 9.         System.out.println("あなたの肥満率は" + (int)fat +
    "%です。");
10.
11.         if (fat >= 20){
12.             System.out.println("あなたは太りすぎです。");
13.         }
14.     }
15. }
```

実行結果は**図6-03**のとおりです。

```
コマンドプロンプト

c:¥src>javac -encoding UTF-8 Himanritu1.java

c:¥src>java Himanritu1
あなたの肥満率は48%です。
あなたは太りすぎです。

c:¥src>
```

● 図6-03 Himanritu1.java の実行結果

別解として、このプログラムをboolean型の変数を使って書き換えると次のようになります(**リスト6-02**)。

▼ **リスト6-02 if文にboolean型変数を使ったプログラム例(Himanritu2.java)**

```
1. class Himanritu2 {
2.     public static void main(String[] args){
3.         double height, weight, fat;
4.         boolean judge;←── 太りすぎを判定する変数judge
5.
6.         judge = false;←── 変数judgeを初期化
7.         height = 1.75;
8.         weight = 22 * height * height;
9.         fat = (100 - weight) / weight * 100;
10.
11.        System.out.println("あなたの肥満率は"+ (int)fat +
   "%です。");
12.
13.        if (fat >= 20){
14.            judge = true;
15.        }
16.        if (judge){
17.            System.out.println("あなたは太りすぎです。");
18.        }
19.    }
20. }
```

TIPS

16行目の「if(judge){ 」は、関係演算子「==」を使って「if(judge==true){ 」に置き換えることができます。

実行結果は**図6-04**のとおりです。

```
コマンドプロンプト

c:¥src>javac -encoding UTF-8 Himanritu2.java

c:¥src>java Himanritu2
あなたの肥満率は48%です。
あなたは太りすぎです。

c:¥src>
```

● 図6-04 Himanritu2.java の実行結果

リスト6-02において、16行目のifの条件にboolean型の変数judgeが設定されています。この変数judgeには14行目の処理で、trueが代入されています。そのため、この条件はtrueとなって、ifの構文内の処理が実行されました。

このように、条件式には式(演算子を含むもの)ばかりでなく、boolean型の変数を入れることもできます。

6-1-3 複数のif文

リスト6-01を改良して、太りすぎのメッセージばかりではなく、やせすぎのメッセージも表示できるようにしてみましょう。

そのためには、判断が2回必要になりますが、やり方は簡単です。3章のSystem.out.println の演習で行ったように、if文も連続して記述することができますので、やせすぎの判断を行うif文を追加すればよいのです。

肥満率が-10%以下ならば、やせすぎというメッセージを表示させてみましょう(**リスト6-03**)。以下の例では、身長1.75mで体重50kgの人の場合の計算を行っています。

▼ **リスト6-03　やせすぎの判断を追加したプログラム (Himanritu3.java)**

```
 1. class Himanritu3 {
 2.     public static void main(String[] args){
 3.         double height, weight, fat;
 4.
 5.         height = 1.75;
 6.         weight = 22 * height * height;
 7.         fat = (50 - weight) / weight * 100;
 8.
 9.           System.out.println("あなたの肥満率は"+ (int)fat +
    "%です。");
10.
11.         if (fat >= 20){
12.             System.out.println("あなたは太りすぎです。");
13.         }
14.         if (fat <= -10){
15.             System.out.println("あなたはやせすぎです。");
16.         }
17.     }
18. }
```

実行結果は**図6-05**のようになります。

```
コマンド プロンプト

c:¥src>javac -encoding UTF-8 Himanritu3.java

c:¥src>java Himanritu3
あなたの肥満率は-25%です。
あなたはやせすぎです。

c:¥src>
```

●図6-05 Himanritu3.java の実行結果

6-1-4 「かつ」と「または」

太りすぎとやせすぎのメッセージの表示ができるようになりましたので、次は標準のメッセージも表示できるようにしてみましょう。

-10%より大きく20%よりも小さい標準体重の人を判断するにはどうしたらよいのでしょうか？

この「-10%より大きくかつ20%より小さい」は「-10%より大きい」という条件と「20%より小さい」という条件を同時に満たすものでなければなりませんので、if文の条件式に工夫が必要になります。

論理演算子と呼ばれる次の演算子によって、いくつかの条件式をまとめた判断をすることができます（**表6-02**）。

●表6-02 論理演算子

演算子	意味	使用例	結果（a=123のとき）
&&	かつ	(a > 100) && (a < 200)	true
||	または	(a > 100) || (a < 200)	true

演算子「**&&**」は、左辺と右辺の論理値が両方trueであったときだけtrueを返し、どちらか一方がfalseか両方がfalseのときにはfalseを返します。つまり、日本語でいうところの「**かつ**」を表しているのです。

図6-06の「A(a > 100) && B (a < 200)」は「aが100よりも大きく**かつ** aが200よりも小さい」ということを示しています。変数aの値が123だとすると、左辺「(a > 100)」と右辺「(a < 200)」の論理値がどちらもtrueなので、trueが返されます。

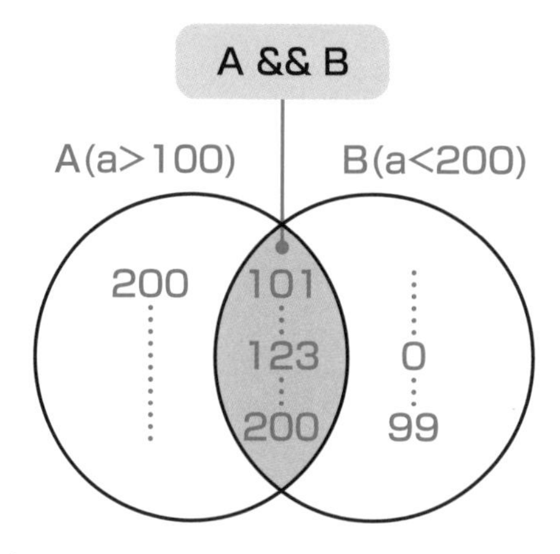

●図6-06　&&（かつ）のイメージ

一方、演算子「||」は、左辺と右辺の論理値のどちらか、あるいは両方がtrueであったときにtrueを返し、両方がfalseのときだけfalseを返します。こちらは、日本語でいうところの「**または**」を表しているのです。

例えば「(a > 100) || (a < 200)」の場合、「aは100より大きいか、**または**aは200より小さい」という意味になります。aが123だとすると、両方の条件にあてはまるので、この結果はtrueになります。aが10だとすると、a > 100の条件にはあてはまりませんが、a < 200の条件にはあてはまりますね。よって、こちらも結果はtrueになります。

では、この論理演算子を使って標準のメッセージを表示するようにプログラムを変更してみましょう（**リスト6-04**）。以下の例では、身長1.75mで体重70kgの人の場合の計算を行っています。

▼リスト6-04　標準の判断を追加したプログラム(Himanritu4.java)

```
 1. class Himanritu4 {
 2.     public static void main(String[] args){
 3.         double height, weight, fat;
 4.
 5.         height = 1.75;
 6.         weight = 22 * height * height;
 7.         fat = (70 - weight) / weight * 100;
 8.
 9.         System.out.println("あなたの肥満率は"+ (int)fat +
    "%です。");
10.
11.         if (fat >= 20){
12.             System.out.println("あなたは太りすぎです。");
13.         }
14.         if (fat <= -10){
15.             System.out.println("あなたはやせすぎです。");
```

```
16.         }
17.         if ((fat > -10) && (fat < 20)){
18.             System.out.println("あなたは普通です。");
19.         }
20.     }
21. }
```

実行結果は**図6-07**のとおりです。

```
コマンドプロンプト

c:¥src>javac -encoding UTF-8 Himanritu4.java

c:¥src>java Himanritu4
あなたの肥満率は3%です。
あなたは普通です。

c:¥src>
```

●**図6-07　Himanritu4.java の実行結果**

18行目では、肥満率が-10%よりも大きく20%よりも小さいときのメッセージを表示させています。条件を&&で結合していますので、「変数fatが-10よりも大きいか」という判定と、「変数fatが20よりも小さいか」という2つの判定を行い、それらが両方ともtrueのときにだけ18行目のメッセージが表示されます。

6-1-5 if else

ここで、これまでに作成したプログラム Himanritu4.java をもう一度見直してみましょう。実はこのプログラムには無駄が含まれているのです。

Himanritu4.javaではif文が3つ続けて並んでいます。それぞれ「太りすぎ」、「やせすぎ」、「標準」を判断するためのものですから、それぞれとても大事なもので無駄とはいえません。

しかし、Himanritu4.java のプログラムでは、最初のif文で「太りすぎ」と判断された人でも次のif文で今度は「やせすぎ」の判断をし、さらに「標準」の判断まで行っているのです。このように、どんな体重でも必ず3回のチェックを行わなければならないので、場合によっては余計な処理をしていることになります。

では、余計な処理をしないためにはどうしたらよいでしょうか？　「もし体重が標準体重よりも…」というように、「それ以外だったら」という処理ができればよいですね。

Javaでは、**if else**(**イフ　エルス**)という構文でその処理を行うことが可能です。これを図で表すと、**図6-08**のようになります。

構文

● 条件判断if elseの書式

```
if(条件式) {
    条件が正しいときに実行する内容;
} else {
    条件が正しくないときに実行する内容;
}
```

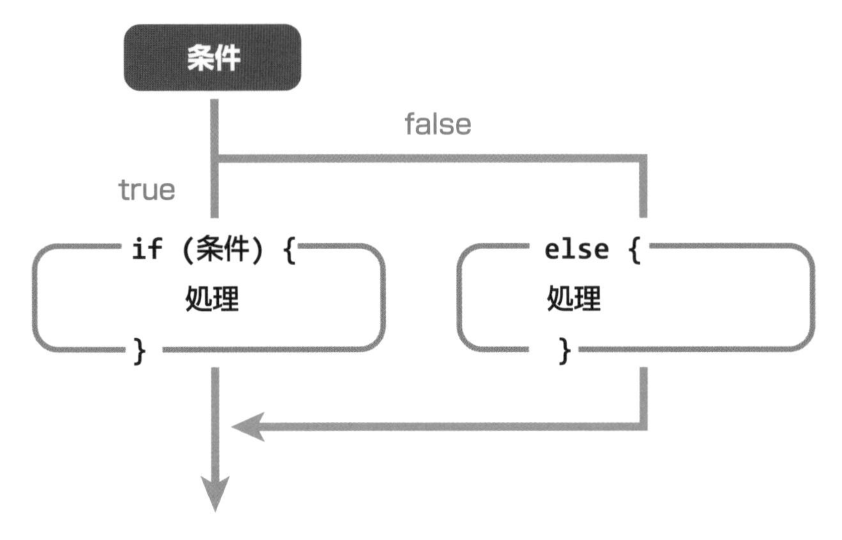

● 図6-08　if elseのイメージ

このif elseを使ってHimanritu4.javaを書き換えてみましょう(**リスト6-05**)。

▼ リスト6-05　if elseを使ったプログラム(Himanritu5.java)

```
1.  class Himanritu5 {
2.      public static void main(String[] args){
3.          double height, weight, fat;
4.  
5.          height = 1.75;
6.          weight = 22 * height * height;
7.          fat = (70 - weight) / weight * 100;
8.  
9.          System.out.println("あなたの肥満率は"+ (int)fat +
    "%です。");
10. 
11.         if (fat >= 20){
12.             System.out.println("あなたは太りすぎです。");
13.         } else {
14.             if (fat <= -10){
```

```
15.                 System.out.println("あなたはやせすぎです。");
16.
17.             } else {
18.                 if ((fat > -10) && (fat < 20)){
19.                     System.out.println("あなたは普通です。");
20.                 }
21.             }
22.         }
23.     }
24. }
```

実行結果は**図6-09**のとおりです。

```
コマンドプロンプト

c:¥src>javac -encoding UTF-8 Himanritu5.java

c:¥src>java Himanritu5
あなたの肥満率は3%です。
あなたは普通です。

c:¥src>
```

●図6-09　Himanritu5.javaの実行結果

if elseを使うと、このように処理をまとめて記述することができます。

6-1-6 else if

Himanritu5.javaは、else ifを使うと、もっと簡潔に記述することができます。else ifの書式は以下のとおりで、それまでのif文の判定でfalseだったものに対して、else ifで処理を行うかどうかの判定を行います。

構文

●条件判断else ifの書式

```
if (条件式1) {
    条件式1が正しいときに実行する内容;
} else if (条件式2) {
    条件式1が正しくなく、条件式2が正しいときに実行する内容;
}
```

else ifを使って、Himanritu5.javaを書き直してみましょう（**リスト6-06**）。

▼ リスト6-06　else ifを使ったプログラム（Himanritu6.java）

```
1. class Himanritu6{
2.     public static void main(String[] args) {
3.         double height, weight, fat;
4. 
5.         height = 1.75;
6.         weight = 22 * height * height;
7.         fat = (70 - weight) / weight * 100;
8. 
9.         System.out.println("あなたの肥満率は" + (int)fat +
   "%です。");
10.
11.        if (fat >= 20) {
12.            System.out.println("あなたは太りすぎです。");
13.        } else if (fat <= -10) {
14.            System.out.println("あなたはやせすぎです。");
15.        } else {
16.            System.out.println("あなたは普通です。");
17.        }
18.    }
19. }
```

Himanritu6.javaの実行結果は図6-10のとおりです。

```
コマンド プロンプト

c:¥src>javac -encoding UTF-8 Himanritu6.java

c:¥src>java Himanritu6
あなたの肥満率は3%です。
あなたは普通です。

c:¥src>_
```

● 図6-10　Himanritu6.javaの実行結果

6-2 まとめて判断(switch)

これまでは、ifとif elseを利用しひとつひとつの条件がtrueであるかfalseであるかによって条件判断を行ってきました。しかし、真偽を判断する方法以外にも条件分岐の方法が存在します。

6-2-1 switch文

if文を使うことで条件が成立するかしないかの2種類の判断を行い、それに応じた処理をすることができました。if文では一度に2種類の判断しかできませんので、それ以上の判断をするためには、if文を連続して記述しなければなりません。

例えば、変数aの値が1、2、3のときにそれぞれ行う処理が異なる場合、if文を使うと次のような記述になります。

●if文を使って変数の値を判断する例

```
if (a == 1) {
    変数aの値が1のときに実行する内容;
}
if (a == 2) {
    変数aの値が2のときに実行する内容;
}
if (a == 3) {
    変数aの値が3のときに実行する内容;
}
```

これは面倒ですし、意味的には1つの変数について判断しているのですから、プログラムが長くなり、可読性もあまりよくありませんね。

これに対し、**switch(スイッチ)**を使うと、1つの変数で多種の判断を行うことができます。これはif文を連続で使うことでも実現可能ですが、switch文を使うと、その構造がよりすっきり表現できます。

switch の書式を次に示します。

構文

●**条件判断switchの書式**

```
switch (変数名) {
    case 定数1 [, 定数1-2, …] : 処理1;
    [ case 定数2 [, 定数2-2, …] : 処理2;
    default: 処理n;]                        ─── 省略できる
}
```

switchに続く変数の値が、それ以降の**case**(**ケース**)に続く定数と等しい場合に、そのcase以降に書かれている処理内容を順に実行していきます。

例えば、もし式の値が定数1と等しければ、処理1から処理nまでのすべての処理が実行されます。同じように、式の値が定数2のときは処理2から処理nまでが実行され、式の値がどの定数にも一致しないときには、**default**(**デフォルト**)で記述された処理nだけが実行されます。

ただし、switchの右側の()に入る変数名は、整数型(byte、short、int、long)、enum型、char型かStringクラスでなければなりません。実数を扱うdouble型は利用できませんので注意してください。

Byte、Short、Integerのラッパークラスも使用できます。

前述したifでの例を用いると、次のようになります。

●**条件判断 switch の利用例**

```
switch (a) {
    case 1 : 変数aが1のときの処理;
    case 2 : 変数aが2のときの処理;
    case 3 : 変数aが3のときの処理;
}
```

この利用例では、変数aの値が1、2、3のときに、それぞれ**図6-11**のように処理が実行されます。aが1のとき、case1からcase3までの処理がすべてが実行されてしまうことに注意しましょう。つもりこれは、上述のif文の例を正確に書き換えたものではありません。

上記の条件判断switchの利用例を、if文で正確に表すと次のようになります。

● switchの利用例をifで書き換えたもの

```
if (a == 1) {
      変数aが1のときの処理;
      変数aが2のときの処理;
      変数aが3のときの処理;
} else if (a == 2) {
      変数aが2のときの処理;
      変数aが3のときの処理;
} else if (a == 3) {
      変数aが3のときの処理;
}
```

また、変数aがどんなときにも実行する処理がないので、defaultとそれに相当する処理が記述されていないことにも注意してください。

この処理を図で表すと、**図6-11**のようになります。

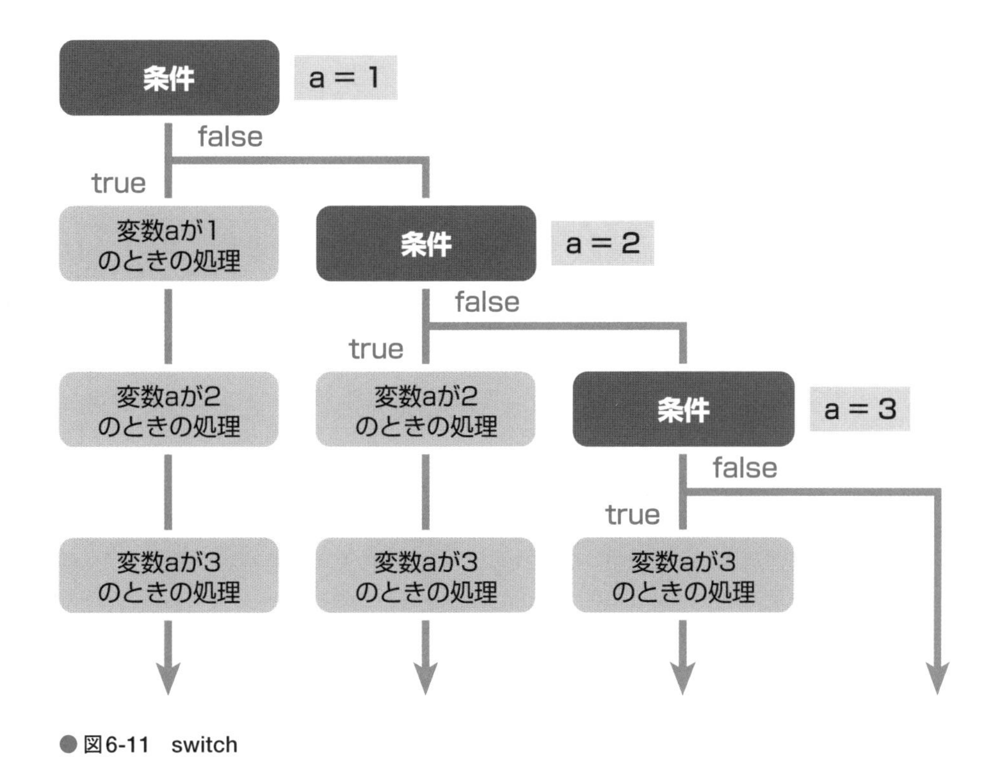

● 図6-11　switch

式の値が定数1と等しいときに、処理1だけを行いたいという場合は、**break**（ブレイク）という文を使用してswitchの処理を抜け出します。

defaultは最後の処理ですので、breakを記述する必要はありません。

構文

● **breakを使ったswitch文の書式**

```
switch (変数) {
    case 定数1 [, 定数1-2, …] :  処理1;
        break;
    [ case 定数2 [, 定数2-2, …] :  処理2;
         break;
    default : 処理n;]
}
```

先ほどのif文の例を使うと、次のように記述できます。

● **breakを使った条件判断 switch の利用例**

```
switch (a) {
    case 1 : 変数aが1のときの処理;
        break;
    case 2 : 変数aが2のときの処理;
        break;
    case 3 : 変数aが3のときの処理;
        break;
}
```

この処理を図で表すと、**図6-12**のようになります。

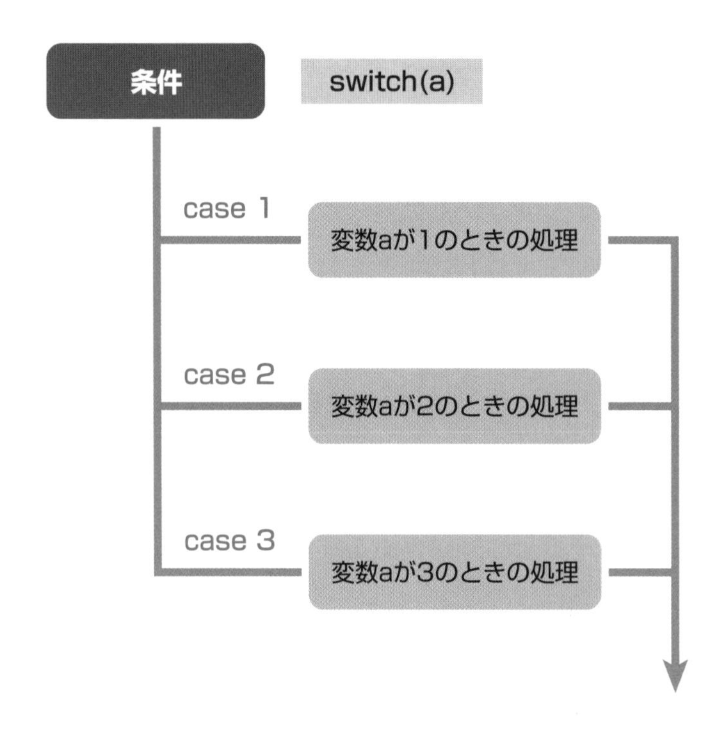

● 図6-12　break文を使ったswitch

6-2-2 switch文の演習

switch の説明を行いましたので、次は実際にプログラムでその動作を確認してみましょう。ここでは、説明文中で用いた変数aの値を判断する例を取り上げることにします。次のプログラムを見てください（**リスト6-07**）。

まずはswitch文を使わずに、if文だけを使って記述してみましょう。

▼リスト6-07　if文を使ったプログラム(Bunki1.java)

```
 1. class Bunki1 {
 2.     public static void main(String[] args) {
 3.         int a = 1;
 4.
 5.         if (a == 1) {
 6.             System.out.println("Good morning.");
 7.         }
 8.         if (a == 2) {
 9.             System.out.println("Good afternoon.");
10.         }
11.         if (a == 3) {
12.             System.out.println("Good evening.");
13.         }
14.     }
15. }
```

変数aの値は1ですから、実行結果は**図6-13**になります。

```
コマンドプロンプト

c:¥src>javac Bunki1.java

c:¥src>java Bunki1
Good morning.

c:¥src>_
```

●図6-13　Bunki1.java の実行結果

すべてのif文は変数aを判断に使用していますので、これをswitchでまとめてみましょう（**リスト6-08**）。

▼リスト6-08　switch文に書き換えたプログラム(Bunki2.java)

```
1. class Bunki2 {
2.     public static void main(String[] args) {
3.         int a = 1;
4. 
5.         switch(a) {
6.             case 1: System.out.println("Good morning.");
7.             case 2: System.out.println("Good afternoon.");
8.             case 3: System.out.println("Good evening.");
9.         }
10.     }
11. }
```

実行結果は図6-14になります。7行目のcaseで条件に一致してしまうので、8行目、9行目のprintlnも実行されてしまうのです。

```
コマンドプロンプト

c:¥src>javac Bunki2.java

c:¥src>java Bunki2
Good morning.
Good afternoon.
Good evening.

c:¥src>
```

●図6-14　Bunki2.java の実行結果

では、breakを使ってBunki2.javaを書き直してみましょう（リスト6-09）。

▼リスト6-09　break文を追加したプログラム (Bunki3.java)

```
1. class Bunki3 {
2.     public static void main(String[] args) {
3.         int a = 1;
4. 
5.         switch(a) {
6.             case 1: System.out.println("Good morning.");
7.                 break;
8.             case 2: System.out.println("Good afternoon.");
9.                 break;
10.             case 3: System.out.println("Good evening.");
11.                 break;
12.         }
13.     }
14. }
```

Bunki3.java には3つすべてのcaseにbreakが付けられていますが、**11行目**のcase以降には処理がありませんので、**12行目**のbreakは必要ありません。そこで、最終的にプログラムは次のようになります(**リスト6-10**)。

▼リスト6-10　Bunki3.javaを書き換えたプログラム(Bunki4.java)

```
 1. class Bunki4 {
 2.     public static void main(String[] args) {
 3.         int a = 1;
 4. 
 5.         switch(a) {
 6.             case 1: System.out.println("Good morning.");
 7.                 break;
 8.             case 2: System.out.println("Good afternoon.");
 9.                 break;
10.             case 3: System.out.println("Good evening.");
11.         }
12.     }
13. }
```

実行結果は**図6-15**です。

```
コマンドプロンプト

c:¥src>javac Bunki3.java

c:¥src>java Bunki3
Good morning.

c:¥src>
```

●図6-15　Bunki3.java の実行結果

6-2-3 アロー構文

JDK12からは、:ではなく「->」(アロー)を使って記述することもできるようになりました。->を使用すると、それ以降のcaseの処理には移らないので、break;を記述する必要はありません。

● **アローを使ったswitch文の書式(1)**

```
switch (変数) {
    case 定数1[, 定数1-2, …] -> 処理1;
    [case 定数2[, 定数2-2, …] ->処理2;
    default -> 処理n;
}
```

アロー構文を利用したプログラムが**リスト6-11**です。

▼ **リスト6-11　Bunki4.javaを書き換えたプログラム(Bunki5.java)**

```
1. class Bunki5 {
2.     public static void main(String[] args) {
3.         int a = 1;
4. 
5.         switch(a) {
6.             case 1 -> System.out.println("Good morning.");
7.             case 2 -> System.out.println("Good afternoon.");
8.             case 3 -> System.out.println("Good evening.");
9.         }
10.     }
11. }
```

Bunki5.javaの実行結果は**図6-16**のとおりです。

```
コマンドプロンプト

c:¥src>javac Bunki5.java

c:¥src>java Bunki5
Good morning.

c:¥src>
```

● **図6-16　Bunki5.javaの実行結果**

また、次のように処理にブロックを記述することもできます。

● **アローを使ったswitch文の書式(2)**

```
switch (変数) {
    case 定数1[, 定数1-2, …] -> {処理1-1; [処理1-2; …]}
    [ case 定数2 [,定数2-2, …] ->{処理2-1; [処理2-2, …]
    default -> {処理n; [処理n-2; …] ]
}
```

なお、1つのswitch文の中で:と->は混在させることができません。どちらか1つで統一して記述をしてください。

6-2-4 switch式

switchは文だけではなく、式としてswitchの判定に応じた値を返すように使用することもできます。例えば、Bunki5.javaで表示させている文字列を変数messageに代入させるためには、

```
case 1 -> message = "Good morning.";
```

のように、それぞれで変数messageに代入させなければなりません。しかし、switch式を使うと各caseで代入する値だけを決定して、決定した結果を代入することができます。yieldの後に値や式を記述すると、該当するcaseでその値を返しますが、アロー構文を使っている場合は、直接値や式を記述します。

なお、switch式では最後に;を付けるのを忘れないように注意しましょう。

●**switch式の書式**

```
変数名 = switch(変数) {
    case 定数1 [,定数1-2, …] : yield 値1;
    [ case 定数2 [,定数2-2, …] : yield 値2;
     default : yield 値n; ]
}; ←;を忘れないように(式なので;が必要)
```

●**switch式の書式(アロー構文)**

```
変数名 = switch(変数) {
    case 定数1 [,定数1-2, …] -> 値1;
    [ case 定数2 [,定数2-2, …] -> 値2;
     default -> yield 値n; ]
};
```

switch式を利用したプログラムが**リスト6-12**です。

▼リスト6-12 switch式を利用したプログラム(Bunki6.java)

```
1. class Bunki6 {
2.     public static void main(String[] args) {
3.         int a = 1;
4.         String message = switch(a) {
5.             case 1: yield "Good morning.";
6.             case 2: yield "Good afternoon.";
7.             case 3: yield "Good evening.";
8.             default: yield "Good night.";
```

```
 9.         };
10.
11.         System.out.println(message);
12.     }
13. }
```

Bunki6.javaの実行結果は図6-17のとおりです。

```
コマンド プロンプト

c:¥src>javac Bunki6.java

c:¥src>java Bunki6
Good morninig.

c:¥src>
```

● 図6-17　Bunki6.javaの実行結果

要点整理

- if文内の処理は､｢関係演算子｣を用いた条件式の結果がtrue（正しい）であった場合に行われる。
- 条件式の条件には、「論理演算子」を利用することができ、より複雑な条件を判別することが可能となる。
- 複数の条件判断が必要である場合､if else文が利用できる場合がある。
- 複数の条件判断が必要である場合、よりすっきりとした可読性のよい記述方式としてswitch文を利用することができる。
- switch文は条件がtrueであった場合、それ以下の処理をすべて行ってしまう。
- switch文において、条件がtrueであった箇所のみ処理を行いたい場合、処理の記述の後ろに｢break;｣を記述しswitch文を抜け出す必要がある。
- switchには、アロー構文やswitch式がある。

練習問題

問題1. **変数aの値が56であった場合、次の演算の中で結果がfalseを返すものはどれか、選びなさい。**

① a != 58
② (a > 55) && (a < 80)
③ ((a != 66) || (a <= 55)) && ((a > 50) && (a < 60))
④ (a > 32) && ((a > 66) || (a < 50))

問題2. **肥満度が10(%)以上で20(%)未満の人は「太り気味」といわれています。太り気味の判断ができるように、次のプログラムを変更しなさい。**

▼リスト6-13 練習問題2

```
1. class Renshu62 {
2.     public static void main(String[] args){
3.         double height, weight, fat;
4.
5.         height = 1.75;
6.         weight = 22 * height * height;
7.         fat = (70 - weight) / weight * 100;
8.
9.         System.out.println("あなたの肥満率は" + (int)fat +
   "%です。");
10.
11.        if (fat >= 20){
12.            System.out.println("あなたは太りすぎです。");
13.        } else {
14.            if (fat < -10){
15.                System.out.println("あなたはやせすぎです。");
16.            } else {
17.                if ((fat >= -10) && (fat < 20)){
18.                    System.out.println("あなたは普通です。");
19.                }
20.            }
21.        }
22.    }
23. }
```

問題3. 次のプログラムをswitch文を使ったものに書き直しなさい。

▼リスト6-14　練習問題3

```
1. class Renshu63 {
2.     public static void main(String[] args) {
3.         int month, day;
4.
5.         month = 11;
6.         if (month == 2) {
7.             day = 28;
8.         } else if (month == 4 || month == 6 || month == 9
   || month ==11) {
9.             day = 30;
10.        } else {
11.            day = 31;
12.        }
13.
14.        System.out.println(month + "月は" + day + "日あります。");
15.    }
16. }
```

問題4. 問題3のプログラム(Renshu63.java)を、アロー構文を使用したものに書き換えなさい。

問題5. 問題4のプログラムを、switch式を使用したものに書き換えなさい。

CHAPTER

7

繰り返し処理

同じ処理を繰り返し行わせたいとき、何度も同じ処理を記述しなくてはならないのはとても面倒です。しかし、この面倒を解消することが可能です。もし、同じ処理を繰り返し行わなければならなくなった場合、簡単に記述する方法が存在するのです。

繰り返し処理の記述方法について学んでいきましょう。

7-1 繰り返し

まずは、繰り返し処理を行うプログラムを記述し、それがどのようなものなのか体験してみましょう。

7-1-1 繰り返しの概要

ある特定の処理を何度も繰り返し行う場合、「～回」とか「～になるまで」といった条件を示すことで、同じ処理の繰り返しを行うことができます。例えば、"Hello!"というメッセージを5回表示するプログラムは、今までの知識を使って記述すると次のようになります（**リスト7-01**）。

▼**リスト7-01 "Hello!"を5回表示するプログラム(Kurikaesi1.java)**

```
1. class Kurikaesi1 {
2.     public static void main(String[] args){
3.         System.out.println("Hello!");
4.         System.out.println("Hello!");
5.         System.out.println("Hello!");
6.         System.out.println("Hello!");
7.         System.out.println("Hello!");
8.     }
9. }
```

実行結果は**図7-01**のとおりです。

```
コマンドプロンプト

c:¥src>javac Kurikaesi1.java

c:¥src>java Kurikaesi1
Hello!
Hello!
Hello!
Hello!
Hello!

c:¥src>
```

●**図7-01 Kurikaesi.java の実行結果**

これは、3行目から7行目まで全く同じ処理を上から下に順番に実行しています。

これに対し、**繰り返し**は「"Hello!"を表示する命令を5回繰り返す」というように記述する方法です。同じ処理を5回繰り返すのですが、繰り返す内容は一度だけ記述して、後はそれを何回繰り返すのかを記述することになります。

詳しい説明は後で行いますので、ここでは次のプログラムを入力し、実行して繰り返しの動作を体験してみてください（**リスト7-02**）。

▼リスト7-02　繰り返しを使って"Hello!"を5回表示するプログラム（Kurikaesi2.java）

```
1. class Kurikaesi2 {
2.     public static void main(String[] args){
3.         int i; ←繰り返し回数を保持するための変数
4.
5.         for (i = 0; i < 5; i++){ ←5回繰り返すための指示
6.             System.out.println("Hello!");
7.         }
8.     }            "Hello!"を表示する命令は1行だけ
9. }
```

TIPS

++はインクリメント演算子と呼ばれ、変数の値を1増やします。i++は変数iの値を1増やす、つまりi=i+1を意味します（詳細は7-2-3を参照）。

"Hello!"を表示する命令は、**6行目**の1つだけです。しかしこれを実行すると、次のように"Hello!"が5回表示されます（**図7-02**）。

```
コマンド プロンプト

c:¥src>javac Kurikaesi2.java

c:¥src>java Kurikaesi2
Hello!
Hello!
Hello!
Hello!
Hello!

c:¥src>
```

●図7-02　Kurikaesi2.javaの実行結果

繰り返しのイメージはつかめましたか？　それでは、繰り返しを行う方法について、これから詳しく見ていくことにしましょう。

7-2 回数指定の繰り返し(for)

Javaでは、「for」、「while」、「do while」というそれぞれ性質の異なった3つの繰り返し処理を実行できます。まずは、「for」から説明を行います。

7-2-1 forの書式

for(フォー)は、7-1の例のように、5回メッセージを表示する場合など、**処理を繰り返す回数が決まっているとき**に使用します。

まずは、for文の書式を次に示します。

構文 ●**繰り返しforの書式**

```
for (式1; 式2; 式3) {
    繰り返す処理;
}
```

この書式には式1から式3までの式が3種類登場しています。

式1では繰り返しのための**初期設定**(i=0など)を行います。

式2には**繰り返すための条件(回数)**が記述されます。そのため、式2は論理型でなければならず、一般には関係演算子を使った式(i<5など)が入ります。

式3は**繰り返す処理(の中の処理)が終わったときに実行する式**(i=i+1など)が記述されます。

Kurikaesi.javaのように5回処理を繰り返す場合、for文に直接5回という数値を指定するのではなく、何回目かを数える変数を使い、「**変数がある条件(値)を満たさなくなったら繰り返し処理を終える**」というように記述します。この「ある条件(値)を満たさなくなったら」を表しているのが式2になり、式2がfalseであれば、繰り返し処理が終了します(**図7-03**)。

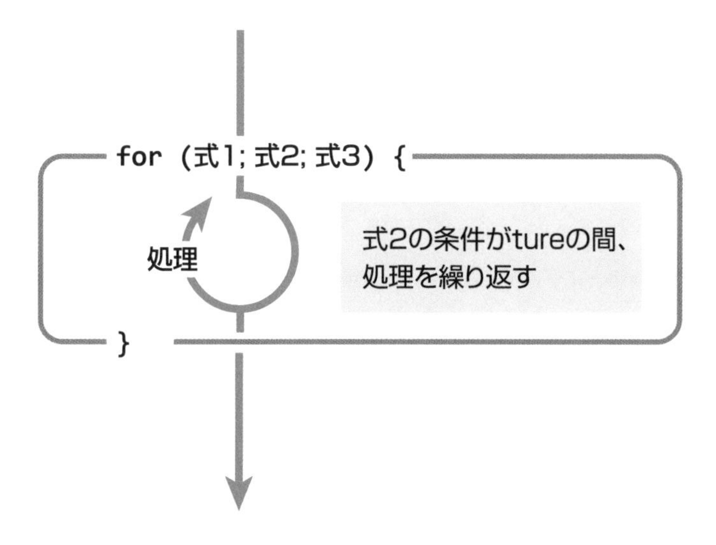

●図7-03　forのイメージ

繰り返しの回数を数えておく変数をiとし、式1に「i = 0」と書くと、繰り返しの処理をはじめる前にiに0を代入するという意味になります。式3に「i = i + 1」と書くと「iを1ずつ足す」という意味になります。さらに、式2に「i < 5」と書くと「iが5未満の場合」という意味になります。

```
for (i = 0; i < 5; i = i + 1)
```

このように記述したとすると、「iを0から数えはじめて、1つずつ増やしていき、iが5未満の間処理を繰り返す」という意味になります。

実際にプログラムを動作させて確認してみましょう（**リスト7-03**）。

▼リスト7-03　forの式の動作確認プログラム（Kurikaesi3.java）

```
1. class Kurikaesi3 {
2.     public static void main(String[] args) {
3.         int i;
4.
5.         for(i = 0; i < 5; i = i + 1) {
6.             System.out.println("Hello!");
7.         }
8.     }
9. }
```

実行すると、次のように表示されます（**図7-04**）。

```
コマンドプロンプト

c:¥src>javac Kurikaesi3.java

c:¥src>java Kurikaesi3
Hello!
Hello!
Hello!
Hello!
Hello!

c:¥src>
```

●図7-04　Kurikaesi3.java の実行結果

ここで式2が「i < 5」となっていて、「i <= 5」ではないことに注意してください。これは、iが0からはじまっているためです。「i <= 5」とすると1回多く、6回処理が繰り返されることになってしまいます。

この違いを次のプログラムで確認してみましょう（**リスト7-04**）。

▼**リスト7-04　式2の動作確認プログラム(Kurikaesi4.java)**

```
 1. class Kurikaesi4 {
 2.     public static void main(String[] args){
 3.         int i;
 4.
 5.         for (i = 0; i < 5; i = i + 1){
 6.             System.out.println("i<5");
 7.         }
 8.
 9.         for (i = 0; i <= 5; i = i + 1){
10.             System.out.println("i<=5");
11.         }
12.     }
13. }
```

実行すると、**図7-05**のように表示されます。i<5は5回、i<=5は6回表示されていますね。

```
コマンド プロンプト

c:¥src>javac Kurikaesi4.java

c:¥src>java Kurikaesi4
i<5
i<5
i<5
i<5
i<5
i<=5
i<=5
i<=5
i<=5
i<=5
i<=5

c:¥src>_
```

●図7-05　Kurikaesi4.java の実行結果

7-2-2 変数の活用

Kurikaesi4.javaでは、int型変数iをfor文の式1から式3で使用しました。この変数iは繰り返しの回数を数えるためだけに使用していましたが、他の目的でも変数を利用することができます。

ここで、5-1のEnzanshiFukushu.javaを思い出してみましょう。次に示すプログラム（**リスト5-01**）は、1から5までの数値をすべて足した値を表示するプログラムです。

▼リスト5-01　演算子の復習プログラム(EnzanshiFukushu.java)

```
1. class EnzanshiFukushu {
2.     public static void main(String[] args){
3.         System.out.println(1 + 2);
4.         System.out.println(1 + 2 + 3);
5.         System.out.println(1 + 2 + 3 + 4);
6.         System.out.println(1 + 2 + 3 + 4 + 5);
7.     }
8. }
```

これをfor文を使って書き直してみましょう。そのためには1から5までの足し算（1+2+3+4+5）を次のように考えます。

「まず、1と2を足す。続いて、その結果（1＋2）に3を足す。
さらに、その結果（3＋3）に4を足す。最後にその結果（6＋4）に5を足す。」

ここで、足していく値が1、2、3、4、5と順番に1つずつ増えていくことに注目しましょう。この数をfor文の変数と考えることができませんか？　次のプログラムで変数の変化を確認してみましょう(**リスト7-05**)。

▼ **リスト7-05　変数の値の確認プログラム(Kurikaesi5.java)**

```
1. class Kurikaesi5 {
2.     public static void main(String[] args){
3.         int i;
4.
5.         for (i = 0; i < 5; i = i + 1){
6.             System.out.println("i = " + i);
7.         }
8.     }
9. }
```

実行結果が以下の**図7-06**のように表示されましたか？

```
コマンドプロンプト

c:¥src>javac Kurikaesi5.java

c:¥src>java Kurikaesi5
i = 0
i = 1
i = 2
i = 3
i = 4

c:¥src>
```

● **図7-06　Kurikaesi5.java の実行結果**

Kurikaesi6.javaのように、for文中の式1の値を0から1に、式2を「<(未満)」から「<=(以下)」にそれぞれ変えてみましょう(**リスト7-06**)。

● **リスト7-06　変数の値の確認プログラム(Kurikaesi6.java)**

```
1. class Kurikaesi6 {
2.     public static void main(String[] args){
3.         int i;
4.
5.         for (i = 0; i <= 5; i = i + 1){
6.             System.out.println("i = " + i);
7.         }
8.     }
9. }
```

実行結果(**図7-07**)からも、変数iが1から5までの間で1つずつ増加しているのがわかります。

```
コマンドプロンプト

c:¥src>javac Kurikaesi6.java

c:¥src>java Kurikaesi6
i = 0
i = 1
i = 2
i = 3
i = 4
i = 5

c:¥src>_
```

●図7-07　Kurikaesi6.java の実行結果

この方法で、1から5までの足し算を行うプログラムを作成してみましょう(リスト7-07)。

▼リスト7-07　1から5までの足し算プログラム(Kurikaesi7.java)

```
1. class Kurikaesi7 {
2.     public static void main(String[] args) {
3.         int i, sum = 0; ←sumの値を0に初期化
4. 
5.         for(i = 0; i <= 5; i = i + 1) {
6.             sum = sum + i;
7.             System.out.println("sum = " + sum);
8.         }
9.         System.out.println("1+2+3+4+5=" + sum);
10.     }
11. }
```

実行結果は図7-08のようになります。

```
コマンドプロンプト

c:¥src>javac Kurikaesi7.java

c:¥src>java Kurikaesi7
sum = 0
sum = 1
sum = 3
sum = 6
sum = 10
sum = 15
1+2+3+4+5=15

c:¥src>_
```

●図7-08　Kurikaesi7.javaの実行結果

5-2-4では、変数の宣言と同時に初期化を行うことができることを説明しました。for文でも変数宣言と初期化を同時に行うことができます。Kurikaeshi7.javaを変数宣言と初期化を同時に行うものに書き換えてみましょう（**リスト7-08**）。

▼ **リスト7-08　Kurikaesi7.javaの改良（Kurikaesi8.java）**

```
 1. class Kurikaesi8 {
 2.     public static void main(String[] args) {
 3.         int sum = 0;
 4. 
 5.         for(int i = 0; i <= 5; i = i + 1) {
 6.             sum = sum + i;
 7.             System.out.println("sum = " + sum);
 8.         }
 9.         System.out.println("1+2+3+4+5=" + sum);
10.     }
11. }
```

Kurikaesi8.javaの実行結果は**図7-09**のとおりです。

```
コマンド プロンプト

c:¥src>javac Kurikaesi8.java

c:¥src>java Kurikaesi8
sum = 0
sum = 1
sum = 3
sum = 6
sum = 10
sum = 15
1+2+3+4+5=15

c:¥src>
```

● **図7-09　Kurikaesi8.javaの実行結果**

7-2-3 インクリメント演算子

もう一度最初に示したfor文のサンプルプログラムKurikaesi3.javaを見てみましょう（**リスト7-03**）。

▼リスト7-03　for文のサンプルプログラム1(Kurikaesi3.java)

```
1. class Kurikaesi3 {
2.     public static void main(String[] args) {
3.         int i;
4. 
5.         for(i = 0; i < 5; i = i + 1) {
6.             System.out.println("Hello!");
7.         }
8.     }
9. }
```

このKurikaesi3.javaと同じ動作をするプログラムがKurikaesi8.javaです（**リスト7-09**）。この2つのプログラムをよく比較してみてください。

▼リスト7-09　for文のサンプルプログラム2(Kurikaesi9.java)

```
1. class Kurikaesi9 {
2.     public static void main(String[] args) {
3.         int i;
4. 
5.         for(i = 0; i < 5; i++) {
6.             System.out.println("Hello!");
7.         }
8.     }
9. }
```

この2つのプログラムには1箇所だけ違いがありますね。気が付きましたか？

Kurikaesi8.javaでは5行目の式3に相当する部分が、「**i++**」となっているのに対し、Kurikaesi3.javaでは「i = i + 1」になっています。「i = i + 1」の「=」は代入演算子、「+」は算術演算子です。これらの演算子については4-1で取り扱っています。「変数iの値に1を足したものを変数iに代入する」という意味ですから、変数iの値が1増えることを意味しています。

では、kurikaesi8.javaにある「i++」はいったいどんな意味を持っているのでしょう。iの後ろの「++」は「**インクリメント演算子**」と呼ばれる演算子です。

インクリメント演算子「**++**」は変数の値を1増加させる働きがあります。「+」などの算術演算子では「a + b」のように左辺（変数a）と右辺（変数b）の2つの変数や定数を必要としましたが、インクリメント演算子は「i++」のように1つの変数のみを使用します。

インクリメント演算子は「i++」のように変数の右側か、「**++i**」のように変数の左側かのどちらかに記述します。変数の左側に記述するものを**前置**（ぜんち）インクリメントと呼び、右側に記述するものを**後置**（こうち）インクリメントと呼びます。

「変数」が値を変化させることが可能な数値であるのに対し、「定数」は固定された数値を意味しています。

計算結果はどちらも変数iの値を1増やすことになるのですが、その過程が右側に「++」を付けたものと左側に「++」を付けたものでは異なっているのです。どのように違うかを、次のプログラムで確認してみましょう（**リスト7-10**）。

▼**リスト7-10　インクリメント演算子を使ったプログラム(Inc1.java)**

```
1. class Inc1 {
2.     public static void main(String[] args){
3.         int i, j;
4. 
5.         i = 0;
6.         System.out.println("i++ = " + i++);
7.         System.out.println("i = " + i);
8. 
9.         j = 0;
10.        System.out.println("++j = " + ++j);
11.        System.out.println("j = " + j);
12.    }
13. }
```

実行結果は**図7-10**のようになります。

```
コマンドプロンプト

c:¥src>javac Inc1.java

c:¥src>java Inc1
i++ = 0
i = 1
++j = 1
j = 1

c:¥src>
```

●**図7-10　Inc1.javaの実行結果**

変数iとjはどちらもはじめは0ですが、「i++」と「++j」によって値が1増えていきます。ただし、「i++」はiの値が文字列"i++ = "との足し算に使われ、その後にiの値が1増えています。すなわち、足し算を行う際にiは0のままで、足し算が行われた後にiは1に増えるのです。「++j」は、はじめにjの値が1増えて、その後で"++j = "との足し算が行われているので、このような実行結果になるのです。つまり、jは足し算を行う時点ですでに値が1なのです。

前置インクリメントと後置インクリメントを混在させることは、プログラムの可読性の観点から決して好ましいことではありません。特別な理由がない限り、後置インクリメントを使用するようにしましょう。

ここで、話を元に戻してKurikaesi8.javaでは5行目の「i++」と、Kurikaesi3.javaの「i = i + 1」を考えると、この2つの式はどちらも「変数iの値を1増やす」という意味になります。つまり、どちらも同じことをしていたわけです。

インクリメント演算子は「**1増やす**」という非常に限られた機能を持つ演算子ですので、「i++」と記述することで、「1つずつ増やしていく」という意味を強調することができます。一般に、for文などで単純に回数などをカウントしていくような場合は、インクリメント演算子が用いられます。

また、インクリメント演算子が変数の値を1増やすものならば、同じように変数の値を1減らす演算子も存在します。それが**デクリメント演算子**「--」です。使い方はインクリメント演算子と全く同じで、前置と後置のどちらを使うかで演算過程が異なります。インクリメント演算子・デクリメント演算子の機能をまとめたものを次に示します(**表7-01**)。

●**表7-01　インクリメント・デクリメント演算子(変数iの場合)**

演算子	機能
++i	1増やした後にiを使う
i++	iを使った後に1増やす
--i	1減らした後にiを使う
i--	iを使った後に1減らす

それでは、インクリメント・デクリメント演算子の動作をプログラムで確認しておきましょう(**リスト7-11**)。

▼**リスト7-11　インクリメント・デクリメント演算子を使ったプログラム(Inc2.java)**

```
 1. class Inc2 {
 2.     public static void main(String[] args){
 3.         int i, j;
 4. 
 5.         i = 0;
 6.         System.out.println("i++ = " + i++);
 7.         System.out.println("i = " + i);
 8.         System.out.println("i-- = " + i--);
 9.         System.out.println("i = " + i);
10. 
11.         j = 0;
12.         System.out.println("++j = " + ++j);
13.         System.out.println("j = " + j);
14.         System.out.println("--j = " + --j);
15.         System.out.println("j = " + j);
16.     }
17. }
```

実行結果は以下のようになります(図7-11)。

```
コマンド プロンプト

c:¥src>javac Inc2.java

c:¥src>java Inc2
i++ = 0
i = 1
i-- = 1
i = 0
++j = 1
j = 1
--j = 0
j = 0

c:¥src>_
```

●図7-11　Inc2.javaの実行結果

6行目と8行目では変数iの値をそれぞれインクリメント、デクリメントしています。変数iの後に++、--が付いていますから、変数iの値を表示した後にそれぞれ1増えたり、1減っています。

一方、12行目と14行目では変数jの前にこれらの演算子がありますから、計算結果を表示することになり、12行目の実行結果と13行目は同じ値、14行目と15行目も同じ値になります。

このように、同じ演算子と変数でも、その位置によって実行結果が異なるのです。

7-3 条件指定の繰り返し(while)

for文が特定回数の繰り返しに使われるのに対し、ある特定の条件の間、処理を繰り返すように記述することもできます。whileとdo whileを使うと、条件を指定して、その条件が満たされている間処理を繰り返すことができます。まずは、while文から説明を行っていきます。

7-3-1 前判断 while

while（ホワイル）の書式を次に示します。

構文

● 繰り返しwhileの書式

```
while (式) {
    繰り返す処理;
}
```

while文の**式**は、for文の**式2**に相当するもので、繰り返すための条件（回数）が記述されます。そのため、式2の値は論理型でなければなりません。この式が正しい（true）間、処理が繰り返されます（図7-12）。

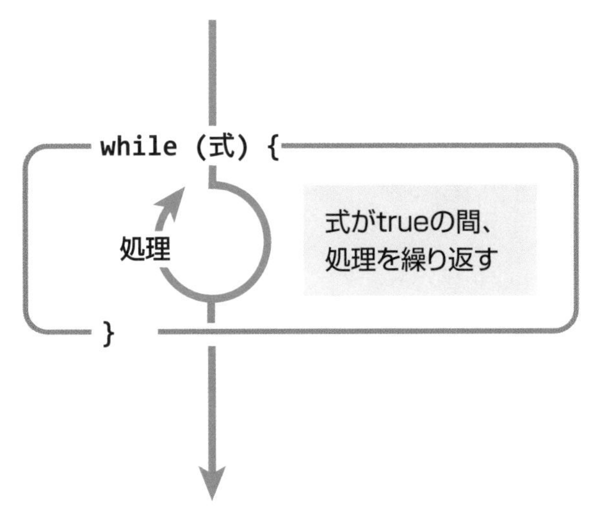

● 図7-12　whileのイメージ

for文の説明で用いたHello!のメッセージを5回出力するプログラムをwhileを使って書き直してみましょう（リスト7-12）。

▼リスト7-12　whileを使って「Hello!」を5回表示するプログラム（HelloLoop1.java）

```
 1. class HelloLoop1 {
 2.     public static void main(String[] args){
 3.         int i = 0;
 4.
 5.         while (i < 5){
 6.             System.out.println("Hello!");
 7.             i++;
 8.         }
 9.     }
10. }
```

図7-13のように、実行結果が表示されましたか？

```
コマンドプロンプト

c:¥src>javac HelloLoop1.java

c:¥src>java HelloLoop1
Hello!
Hello!
Hello!
Hello!
Hello!

c:¥src>_
```

●図7-13　HelloLoop1.javaの実行結果

while文を記述する前に、3行目でfor文の式1に対応する繰り返しの数を記憶しておく変数の初期化を行っておきます。7行目にfor文の式3に対応する繰り返しの数を1増やす計算が含まれていることに、特に注意してください。

このように、「××回繰り返せ」という命令を「回数を数えている変数が××になるまで繰り返せ」という命令に変換すれば、for文と同じ命令をwhile文で実行することができます。

7-2-1で示したforの書式に合わせて、whileの書式を表すと次のようになります。

構文　●**繰り返しwhileの書式**

```
式1;
while (式2) {
    繰り返す処理;
    式3;
}
```

7-3-2 後判断 do while

while文では条件の判定を繰り返す処理を**実行する前**に行っていましたが、**do while**(**ドゥ・ホワイル**)はこの判定を処理を**実行した後**に行います。そのため、条件の判定結果がtrueでもfalseでも、必ず1回は処理が実行されます。

do while文の書式は次のとおりです。

構文

● 繰り返しdo whileの書式

```
do {
    繰り返す処理;
} while(条件式);
```

do whileは条件判断が最後にある以外、while文と同じです。do while文を使って、繰り返し処理の動作を確認してみましょう(**リスト7-13**)。

▼ リスト7-13　do whileを使って"Hello!"を5回表示するプログラム(HelloLoop2.java)

```
1.  class HelloLoop2 {
2.      public static void main(String[] args){
3.          int i = 0;
4.
5.          do {
6.              System.out.println("Hello!");
7.              i++;
8.          } while (i < 5);
9.      }
10. }
```

次のように、"Hello!"が5回表示されます(**図7-14**)。

```
コマンドプロンプト

c:\src>javac HelloLoop2.java

c:\src>java HelloLoop2
Hello!
Hello!
Hello!
Hello!
Hello!

c:\src>_
```

● 図7-14　HelloLoop2.javaの実行結果

7-3-3 繰り返し処理の多重化

for、while、do whileの3つの繰り返し処理について説明しました。これらの繰り返し処理の中で、さらに繰り返し文を使用することもできます。このような処理を**多重ループ**といいます。

for文を使った2重ループのプログラムで、その動作を確認してみましょう（**リスト7-14**）。それぞれのループが独立して動作するように、int型の変数iとjの2つを使っていることに注意してください。もし、両方のループで同じ変数を使ってしまうと、内側のループによる変数の増加が外側にも影響を与えてしまうことになります。

▼リスト7-14　多重ループ（DoubleLoop.java）

```
 1. class DoubleLoop {
 2.     public static void main(String[] args){
 3.         for(int i = 1; i < 10; i++){
 4.             for(int j = 1; j < 10; j++){
 5.                 System.out.print(i*j);
 6.                 System.out.print(" ");
 7.             }
 8.             System.out.println();
 9.         }
10.     }
11. }
```

多重ループの実行結果は、**図7-15**のようになります。

```
コマンドプロンプト

c:¥src>javac DoubleLoop.java

c:¥src>java DoubleLoop
1 2 3 4 5 6 7 8 9
2 4 6 8 10 12 14 16 18
3 6 9 12 15 18 21 24 27
4 8 12 16 20 24 28 32 36
5 10 15 20 25 30 35 40 45
6 12 18 24 30 36 42 48 54
7 14 21 28 35 42 49 56 63
8 16 24 32 40 48 56 64 72
9 18 27 36 45 54 63 72 81

c:¥src>
```

●図7-15　DoubleLoop.javaの実行結果

このプログラムは九九を計算するプログラムですが、1×1、1×2、・・・、1×9、2×1、・・・と、最初に1の段をすべて表示し、次に2の段を計算しています。このように、変数jでコントロールされている内側の繰り返しが終了するまで、外側の更新式は実行されずに変数iは1のままになっています。変数jが1から9まで変化し、内側のループを終了する(j=10となる)と、System.out.println( )で改行を行い、2の段(i=2)の処理を行います。

4行目から7行目の内側ループで、jが1から9まで変化し、9回の繰り返し処理を行う間、iの値は変化しません。例えば、iが1の場合、i×j(5行目のi*j)は1×1から1×9まで繰り返し処理が行われるのです。続いて、iが2に増えて、同様に2×1から2×9まで繰り返し処理が行われます。最終的にはiが9に増えて、9×1から9×9まで繰り返し処理が行われます。

また、3行目と4行目のfor文では、それぞれint i = 1、int j = 1と変数宣言と初期化が式1で行われていることにも注目してください。for文の中でしか変数を使わない場合、このように式1に変数宣言を含めて行うこともできます。

要点整理

- 同じ処理が繰り返される場合、その回数が明確であれば「for文」を利用することが望ましい。
- for文を利用する際、その条件として初期設定、繰り返しの条件、for文内の処理の実行が終わったときに実行する式、の3つを指定する。
- for文の条件式に用いられた変数は、for文内の処理にも利用でき、これにより複雑な処理を簡単に記述することも可能である。
- for文内の処理の実行が終わったときに、実行する式には「インクリメント演算子」「デクリメント演算子」を利用することもできる。
- 「インクリメント演算子」「デクリメント演算子」にはそれぞれ「前置」と「後置」があり、前置と後置では働きが異なる。
- ある特定の条件の間、繰り返すように指示するためには「while文」か「do while文」が適している。
- while文とdo while文は条件式がtrueである間、処理を繰り返す。
- 「do while文」は、条件が満たされているかどうかの判断が後にくるため、条件が成り立つかどうかを問わず、1度は処理が行われる。

練習問題

問題1. 次のプログラム内の①②③④をそれぞれ埋め、図7-16の結果を導きなさい。

▼リスト7-15　練習問題1

```
1. class Renshu71 {
2.     public static void main(String[] args) {
3.         int sum = 0;
4.         for(int [ ① ]; i[ ② ]10; i=[ ③ ]) {
5.             sum = [ ④ ];
6.         }
7.         System.out.println("1から10までの範囲での奇数の合計は"+sum+"
   です。");
8.     }
9. }
```

```
コマンド プロンプト

c:¥src>javac -encoding UTF-8 Renshu71.java

c:¥src>java Renshu71
1から10までの範囲での奇数の合計は55です。

c:¥src>_
```

●図7-16　練習問題1

問題2. 図7-17の結果を導くためのプログラムをfor文を用いて作成しなさい。

```
コマンド プロンプト

c:¥src>javac -encoding UTF-8 Renshu72.java

c:¥src>java Renshu72
*
**
***
****
*****
******
*******
********
*********
**********

c:¥src>_
```

●図7-17　練習問題2

問題3. 次のプログラムを、while文を使って書き換えなさい。

▼リスト7-16　練習問題3

```
1.  class Renshu73 {
2.      public static void main(String[] args){
3.          int i, sum;
4.          sum = 0;
5.  
6.          for (i = 1; i <= 10; i++){
7.              sum = sum + i;
8.              System.out.println("累計: " + sum);
9.          }
10.         System.out.println("合計: " + sum);
11.     }
12. }
```

問題4. 図7-18の結果を導くためのプログラムをfor文による2重ループで作成しなさい。

```
コマンド プロンプト

c:¥src>javac Renshu74.java

c:¥src>java Renshu74
**********
$*********
$$********
$$$*******
$$$$******
$$$$$*****
$$$$$$****
$$$$$$$***
$$$$$$$$**
$$$$$$$$$*

c:¥src>
```

●図7-18　練習問題4

JShell

Javaプログラムを実行させるためには、クラス定義やコンパイルなど様々な作業や操作をしなければなりません。実行結果だけが欲しいとか、部分的に動作確認したい、といったときにこれらの作業や操作は面倒です。

このようなときに、JDK9から標準装備された対話型評価環境JShellを使うと、非常に手軽にJavaの命令を実行させることができます。命令を繰り返し実行させたり、これまで実行した命令を編集したりさせることもできるので、本書での学習が終了したら、JShellにもチャレンジしてみてください。

構文

● **JShellの起動**

```
jshell
```

構文

● **Jshellの終了**

```
/exit
```

コマンド プロンプト - jshell

```
c:¥src>jshell
|  JShellへようこそ -- バージョン14
|  概要については、次を入力してください: /help intro

jshell> System.out.println("Hello!");
Hello!

jshell>
```

● 図7-19　JShellによるプログラムの実行(Hello!の表示)

CHAPTER

8

データの入力

　これまでのプログラムはすべてデータをソースプログラムに直接書き込んでいました。例えば、２章で動作確認を行ったHello.javaは、Hello!というメッセージを表示しますが、Hello, Sasaki! のように、Helloの後にメッセージに名前を追加して表示させるためには、ソースプログラムを変更してコンパイルし直さなければなりませんでした。８章では、キーボードからデータを入力し、そのデータを利用するプログラムの作成方法や、キーボードから数値を入力し、その数値を元に計算を行うプログラムを作成します。また、プログラムの動作が正常に行われなかった想定外の事態に備え、万一そのような状況が発生した場合にはどう対処するか、という例外処理の方法についても解説します。

8-1 引数と配列

2章で作成したHello.javaを改良して、実行時に文字列を入力して「Hello,」の後に名前を表示させるプログラムを作成してみましょう。

8-1-1 パラメーター（引数）

コンピューターは計算を行います。計算を行う際に、計算（命令）を行う元となる値を与える場合、**引数（ひきすう）**という値を使います。

2章で説明したプログラム、Hello.javaの中の、

```
System.out.println("Hello!");
```

という命令は、「Hello!と画面に表示しなさい」という意味です。( )の間に挟まれた文字列を表示するもので、この( )の中に引数として"Hello"を書き、System.out.printlnに値を渡しています。

8-1-2 実行時に引数を渡す

次のプログラムHelloName1.javaを見てください（**リスト8-01**）。

▼ リスト8-01　引数を利用したプログラム（HelloName1.java）

```
1. class HelloName1 {
2.     public static void main(String[] args){
3.         System.out.println("Hello, " + args[0] + '!');
4.     }
5. }
```

このプログラムでは、3行目のSystem.out.println( )で文字列の足し算（4章参照）を行っています。文字列"Hello, "に足されているのは、args（アーグス）[0]という変数と文字'!'ですね。Sasakiなどといった、具体的な人の名前はこのプログラムには存在していません。

TIPS
argsはarguments（引数）の略です。

この**args[0]**は本書でははじめて出てきたものですが、2行目のmain( )メソッドにあるString[] argsと同じ名前ですから、何か関係がありそうですね。この関係を意識しながら、実行方法を参考にプログラムを動かしてみましょう。

● 実行方法
```
java HelloName1 Sasaki ← クラス名の後ろに1つスペースを空けてSasakiと入力
```

Enter キーを押すと、**図8-01**のように表示されます。

```
コマンドプロンプト

c:¥src>javac HelloName1.java

c:¥src>java HelloName1 Sasaki
Hello, Sasaki!

c:¥src>
```

● 図8-01　HelloName1.javaの実行結果

実行方法をよく見てください。これまでの実行方法とは違い、クラス名の後に"Sasaki"という文字列が入力されていますね。

これは「**コマンドライン引数**」というもので、Javaコマンドの実行時にクラス名の後に記述したものが、Javaプログラムに**引数**として渡されているのです。具体的には、main( )メソッドのStringクラス変数argsがこのパラメーターを受け取り、格納します。

● コマンドライン引数の実行方法
```
java クラス名　コマンドライン引数
```

ためしに、同じプログラムでコマンドライン引数を"Doi"にして動かしてみましょう。Enter キーを押すと、**図8-02**のように表示されます。

```
コマンドプロンプト

c:¥src>java HelloName1 Sasaki
Hello, Sasaki!

c:¥src>java HelloName1 Doi
Hello, Doi!

c:¥src>_
```

● 図8-02　コマンドライン引数Doiの実行結果

このように、プログラムを変更しなくとも、実行時にコマンドライン引数として値を渡すことによって、プログラムの動作を変更させることができます。なお、このプログラムはコマンドライン引数が必ず1つ以上存在することを前提としていますので、実行時に名前を書かずにプログラムを動かしてしまうと、引数を取得することができないので、プログラムは実行時エラーを起こしてしまいます(**図8-03**)。

● コマンドライン引数の誤った実行方法

```
java HelloName1 ←―― コマンドライン引数が指定されていない
```

```
コマンドプロンプト

c:¥src>java HelloName1
Exception in thread "main" java.lang.ArrayIndexOutOfBoundsException: Index 0 out of bounds for length 0
        at HelloName1.main(HelloName1.java:3)

c:¥src>
```

● 図8-03 引数を指定しないために発生したエラー

8-1-3 コマンドライン引数の複数指定

コマンドライン引数は、スペースで区切って複数個指定することもできます。1つ目はargs[0]、2つ目はargs[1]というように格納されていきます。例えば、

```
java HelloName Sasaki Doi Saito
```

と入力したとすると、args[0]には"Sasaki", args[1]には"Doi", args[2]には"Saito"が格納されることになります。3つの名前に対応できるよう、HelloName1.javaを変更してみましょう(**リスト8-02**)。

▼ リスト8-02 3つの引数を利用したプログラム(HelloName2.java)

```
1. class HelloName2 {
2.     public static void main(String[] args){
3.         System.out.println("Hello, " + args[0] + '!');
4.         System.out.println("Hello, " + args[1] + '!');
5.         System.out.println("Hello, " + args[2] + '!');
6.     }
7. }
```

● 実行方法

```
java HelloName2 Sasaki Doi Saito
```

実行結果は**図8-04**のとおりです。

```
コマンドプロンプト

c:¥src>javac HelloName2.java

c:¥src>java HelloName2 Sasaki Doi Saito
Hello, Sasaki!
Hello, Doi!
Hello, Saito!

c:¥src>_
```

●図8-04　HelloName2.javaの実行結果

HelloName2.javaでは、コマンドライン引数の数として指定した3つ分、System.out.println( )を用意していますから、args[0]～args[2]の3つをそれぞれで指定することで、3名の名前を表示させることができます。

しかし、いつも3人分名前を入力するとは限りません。HelloName1.javaのように1人のときもあるでしょうし、3人よりも多いことも考えられます。

HelloName2.javaのようにあらかじめ数を決めておくのではなく、コマンドライン引数の数に応じてメッセージを表示する回数を変更するプログラムを作成してみましょう。

args[0]やargs[1]のように、同じ変数名(args)でその後に括弧付きで表されている数値(これを添字といいます)によって、他の変数と区別して使うことのできる変数を、配列と呼びます。配列では、添字は必ず0からはじまり1ずつ増えていきますので、args[0]、args[1]、args[2]というように表記されます。

このプログラムを作るには、まず、コマンドライン引数として渡された名前がいくつあるかを数える必要があります。コマンドライン引数の数は、args[ ]がいくつ存在しているかを調べることでわかります。**args.length**を参照すると、argsの数を得ることができます。そこでこのargs.lengthを利用して、その数だけSystem.out.println( )を実行するプログラムを作成してみましょう。

回数指定の繰り返し命令ですから、for文を利用します。ただし、args.lengthはargs[ ]の数を示していますので、実際にはargs[0]～args[数-1]での指定が必要である、ということに気を付けてください。例えば、コマンドライン引数が5個あった際には、args.lengthは5になりますが、名前が格納されているのはargs[0]～ags[4]の5つであって、args[5]は存在しません。

それでは、次のプログラムでargs.lengthを使った繰り返し文の動作を確認してみましょう(**リスト8-03**)。

▼リスト8-03　引数の数に応じてメッセージの表示回数が変わるプログラム（HelloName3.java）

```
1. class HelloName3 {
2.     public static void main(String[] args){
3.         for(int i = 0; i < args.length; i++){
4.             System.out.println("Hello, " + args[i] + '!');
5.         }
6.     }
7. }
```

まずは、コマンドライン引数を3個にして実行してみましょう。

●実行方法1

```
java HelloName3 Sasaki Doi Saito ←— 3人の名前が入力されている
```

これを実行すると、**図8-05**のように引数の数である3回分メッセージが表示されます。

```
コマンドプロンプト

c:¥src>javac HelloName3.java

c:¥src>java HelloName3 Sasaki Doi Saito
Hello, Sasaki!
Hello, Doi!
Hello, Saito!

c:¥src>
```

●図8-05　HelloName3.javaの実行結果1

次は、引数を2個にしてみましょう。

●実行方法2

```
java HelloName3 Sasaki Doi ←—— 2人の名前が入力されている
```

メッセージの表示回数が2回になりました（**図8-06**）。

```
コマンド プロンプト

c:¥src>javac HelloName3.java

c:¥src>java HelloName3 Sasaki Doi Saito
Hello, Sasaki!
Hello, Doi!
Hello, Saito!

c:¥src>java HelloName3 Sasaki Doi
Hello, Sasaki!
Hello, Doi!

c:¥src>
```

● 図8-06　HelloName3.javaの実行結果2

8-1-4 拡張for文

拡張for文を使うと、簡単に配列に格納された値を順番に取り出し、利用することができます。

構文

● **繰り返し拡張for文の書式**

```
for (変数 : 配列名) {
    繰り返す処理;
}
```

拡張for文では、配列の値を添字が0のものから順番に取り出して、変数に代入していきます。**リスト8-03**のプログラムを、拡張for文を使ったものに書き換えてみます（**リスト8-04**）。

▼ リスト8-04　拡張for文を使って書き換えたプログラム（HelloName4.java）

```
1. class HelloName4 {
2.     public static void main(String[] args) {
3.         for(String name : args) {
4.             System.out.println("Hello, " + name + '!');
5.         }
6.     }
7. }
```

8-1-5 コマンドライン引数の型変換

コマンドライン引数はすべて文字列（String）として扱われます。ここではコマンドライン引数を使って数値計算をしてみましょう。ただし、文字列のままでは数値演算をすることができませんから、数値に変換をする必要があります。

文字列を整数に変換する命令が**Integer.parseInt()**です。引数に文字列を渡すと、それをint型の整数に変換します。次のNumericInput.javaでは、文字列を数値に変換した値をint型の変数priceに代入をして、2つの値の合計を計算しています(**リスト8-05**)。

▼リスト8-05　文字列を数値に変換してから計算を行うプログラム(NumericInput1.java)

```
1. class NumericInput1 {
2.     public static void main(String[] args) {
3.         int m, n, ans;
4.         m = Integer.parseInt(args[0]);
5.         n = Integer.parseInt(args[1]);
6.         ans = m + n;
7.         System.out.println(m + "+" + n + "=" + ans);
8.     }
9. }
```

●**実行方法**

```
java NumericInput1 123 456
```

実行結果は**図8-07**のようになります。

```
コマンドプロンプト

c:¥src>javac NumericInput1.java

c:¥src>java NumericInput1 123 456
123+456=579

c:¥src>_
```

●図8-07 NumericInput1.javaの実行結果

NumericInput.javaでは、Integer.parseInt()を使って、文字列をint型の数値に変換しました。また、int型以外の型にも変換するには、Integer.parseInt()ではなく、別のメソッドを使います。

5章で述べたそれぞれの型に対応するクラスに、「ラッパークラス」と呼ばれるものがあります。型の変換には、それぞれの型のラッパークラスを利用します。変換方法を**表8-01**に示します。

これをオブジェクトと呼びます。ラッパークラスは基本データ型をオブジェクトとして扱うために用意されたクラスと呼ばれるものの一部です。

●表8-01　ラッパークラスを利用した変換

型	ラッパークラス	変換方法	変換例
byte型	Byte	Byte.parseByte (string)	byte b = Byte.parseByte ("12") ;
short型	Short	Short.parseShort (string)	short s = Short.parseShort ("34") ;
int型	Integer	Integer.parseInt (string)	int i = Integer.parseInt ("1234") ;
long型	Long	Long.parseLong (string)	long l = Long.parseLong ("1234567") ;
float型	Float	Float.parseFloat (string)	float f = Float.parseFloat ("0.1234") ;
double型	Double	Double.parseDouble (string)	d= Double.parseDouble ("0.123456789") ;

表8-01を参考に、double型のデータを扱うプログラムを作成してみましょう（**リスト8-06**）。どんな入力を必要とするかに応じて、適切な変換方法を選択してください。

▼リスト8-06　数値（実数）を引数として入力するプログラム（NumericInput2.java）

```
1. class NumericInput2 {
2.     public static void main(String[] args) {
3.         double sincho, hyojunTaiju;
4.         sincho = Double.parseDouble(args[0]);
5.         hyojunTaiju = 22 * sincho * sincho;
6.         System.out.println("身長" + sincho + "mの人の標準体重は
   " + hyojunTaiju + "Kgです。");
7.     }
8. }
```

●**実行方法**

```
java NumericInput2 1.75
```

実行結果は**図8-08**のとおりです。

```
コマンドプロンプト

c:¥src>javac -encoding UTF-8 NumericInput2.java

c:¥src>java NumericInput2 1.75 ←―― コマンドライン引数として、1.75を入力
身長1.75mの人の標準体重は67.375Kgです。

c:¥src>_
```

●図8-08　NumericInput2.javaの実行結果

8-2 Scannerを使ったデータ入力

コマンドライン引数を利用したデータ入力では、プログラムを実行する前までにデータを入力していなければなりませんでした。プログラムの実行中にデータを入力できるようにするためには、別の方法が必要です。

8-2-1 Scanner

Scannerは、キーボードやファイルなどからデータを読み込むためのクラスで、java.util.Scannerというクラスに属するものです。NumericInput.javaと同じ結果を得るプログラムをScannerを使って書いてみると、リスト8-07のようになります。

▼リスト8-07　Scannerを利用したプログラム（NumericInput3.java）

```
 1. class NumericInput3 {
 2.     public static void main(String[] args) {
 3.         java.util.Scanner sin = new java.util.Scanner(System.in);
 4.
 5.         int m, n, ans;
 6.         m = sin.nextInt();
 7.         n = sin.nextInt();
 8.         ans = m + n;
 9.         System.out.println(m + "+" + n + "=" + ans);
10.     }
11. }
```

●実行方法

```
java NumericInput3 ←── コマンドライン引数は指定していない
123 ┐
456 ┘←── プログラムの実行後に入力
```

「java NumericInput3」と入力して Enter キーを押すと、いつもの実行画面と様子が異なります。いつもなら、printlnやprintによって、画面に文字列が表示されますが、何も表示されず、まるで途中で止まっているかのようです。

この状態は何を意味するかというと、「キーボードから何か入力されないかな？」とプログラムが「入力」を待っている状態なのです。そこで、123と半角文字で入力して、 Enter キーを押してみてください。

キーボードから数値が入力されたことで、プログラムがその数値を受け取り、6行目の「sin.nextInt()」によって変数mに数値が代入されます。同様にもう1つ数値を入力して Enter キーを押すとその値が変数nに代入されます(**図8-09**)。8行目の計算式でm + nの計算結果が変数ansに代入され、9行目で表示が行われるのです。

```
コマンドプロンプト

c:¥src>javac NumericInput3.java

c:¥src>java NumericInput3
123
456
123+456=579

c:¥src>_
```

● 図8-09 NumericInput3.javaの実行結果

Scannerを使うためには、データをどこから読み込んでくるかを指定しなければなりません。キーボードから読み込む場合は、System.in(標準入力装置)を指定します。つまり、3行目のScanner(System.in)はキーボードからデータを読み込むように指定しているのです。このSystem.inからの入力をScannerオブジェクトとして作成し、それにsinという名前を付けています。

```
3. java.util.Scanner sin = new  java.util.Scanner(System.in);
```

これでキーボードからのデータ読み込みの準備は整いました。次は、変数sinに対して実際に値を読み込む作業が必要です。これを行っているのが、nextIntという命令です。nextInt()を1回実行すると、キーボードからのデータを1つのint型の値として読み込みます。6行目では読み込んだ値をint型変数mに代入しています(**図8-10**)。

TIPS

newは演算子の1つです。newがどのような働きをするかは8-5で解説します。

```
6. m = sin.nextInt();
```

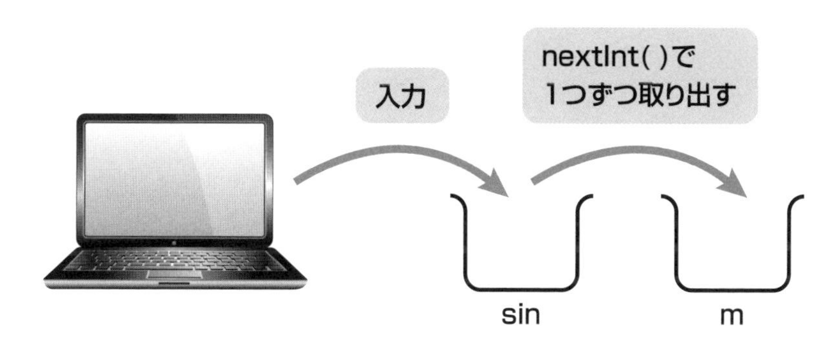

● 図8-10 nextInt()

8-3 import

8-2で紹介したプログラムでは、Scannerクラスを利用するのに、java.util.Scannerと記述しました。これではScannerクラスを使うのに、いちいち長いコードを記述しないといけませんでした。ここではimportという仕組みを利用して、記述を短くしてみましょう。

8-3-1 パッケージの取り込み

Scannerを使うためには、java.util.Scannerと記述しなければなりませんでしたが、この記述を簡略化する方法があります。NumericInput3.javaを**リスト8-08**のように変更してみてください。

▼リスト8-08 NumericInput3.javaを変更したプログラム(NumericInput4.java)

```
1.  import java.util.Scanner;  ←── 1件追加
2.
3.  class NumericInput4 {
4.      public static void main(String[] args) {
5.          Scanner sin = new Scanner(System.in);
6.          └── java.utilがない
7.          int m, n, ans;
8.          m = sin.nextInt();
9.          n = sin.nextInt();
10.         ans = m + n;
11.         System.out.println(m + "+" + n + "=" + ans);
12.     }
13. }
```

NumericImput4.javaでは、1行目に**import(インポート)**ではじまる新しい文が登場しています。

● **import(1行目)**

```
import java.util.Scanner;
```

importは、**パッケージ**と呼ばれるJavaの関連するいくつかのプログラムを集めたものをプログラム中に取り込むための命令です。ここでは、Scannerを含んでいるjava.utilパッケージ内のScannerというプログラムをimportしているのです。「**自分が作成しているプログラムだけでは不十分**だったので、外部から必要な部品を調達してきている」と考えればよいでしょう。他の人が作った便利なプログラムを一度importしてしまえば、それ以降は長いパッケージ名すべてを記述しないで、自分のプログラムの内部のものとして利用することができます。

8-3-2 importの文法

importは、次のように記述して利用します。

構文
- **パッケージのimport**
```
import パッケージ名.クラス名;
```

具体的には、上のリストで示した、NumericInput4.javaの1行目の部分です。

```
import java.util.Scanner;
```

さらに、同じパッケージで異なるクラスをimportする場合は、ひとつひとつimportする以外にもワイルドカード「*」(アスタリスク)を使って、パッケージ内のすべてのクラスをimportの対象として指定することができます。

構文
- **パッケージ内のクラスをまとめてimportする方法**
```
import パッケージ名.*;
```

import *のようにパッケージをワイルドカードで表記することはできません。

ワイルドカードを使ってNumericInput4.javaを書き換えると次のようになります(リスト8-09)。

▼リスト8-09　ワイルドカードを使ってimportを行ったプログラム(NumericInput5.java)
```
 1. import java.util.*;
 2.
 3. class NumericInput5 {
 4.     public static void main(String[] args) {
 5.         Scanner sin = new Scanner(System.in);
 6.
 7.         int m, n, ans;
 8.         m = sin.nextInt();
 9.         n = sin.nextInt();
10.         ans = m + n;
11.         System.out.println(m + "+" + n + "=" + ans);
12.     }
13. }
```

8-4 int型以外のデータの読み込み

8-2ではScannerのnextIntというint型の整数を読み込む命令を利用しました。ここでは別の型の値を読み込む方法を学習しましょう。

8-4-1 double型の値の読み込み

8-2ではnextInt()によって、int型データとしてキーボードより入力された値を読み込みました。int型以外の値を読み込むには、表8-02に示すように型に応じた指定を行います。

●表8-02 データの型と読み込みの方法

データ型	読み込む命令
String	next()
byte	nextByte()
short	nextShort()
int	nextInt()
long	nextLong()
float	nextFloat()
double	nextDouble()
boolean	nextBoolean()

NumericInput2.javaを元に、double型の値を読み込むプログラムを作成すると、リスト8-10のようになります。

▼リスト8-10 身長を実数として入力するプログラム（NumericInput6.java）

```
1. import java.util.Scanner;
2. class NumericInput6 {
3.     public static void main(String[] args) {
4.         Scanner sin = new Scanner(System.in);
5.
6.         double sincho, hyojunTaiju;
7.         sincho = sin.nextDouble();
8.         hyojunTaiju = 22 * sincho * sincho;
9.         System.out.println("身長" + sincho + "mの人の標準体重は"
   + hyojunTaiju + "Kgです。");
10.     }
11. }
```

● 実行方法
```
java NumericInput6
1.75
```

これを実行すると、図8-11のようになります。

```
コマンド プロンプト

c:¥src>javac -encoding UTF-8 NumericInput6.java

c:¥src>java NumericInput6
1.75 ←――――――――――――― 入力待ちになるので1.75を入力する
身長1.75mの人の標準体重は67.375Kgです。

c:¥src>_
```

● 図8-11　NumericInput6.javaの実行結果

8-4-2 ファイルからの読み込み

次は、ファイルに記録してあるデータを読み込んで処理を行う場合を考えてみましょう。

ファイルからの読み込みを行うためには、Scannerにどのファイルからデータを読み込むのかを教えてあげなければなりません。そのときに利用するのが、ファイルから文字データを読み込むための**FileReader**です。ファイル名を指定することで、そのファイルから文字列としてデータを読み込むことができます。FileReaderで設定されたものをScannerに渡すことで、ファイルからの読み込みが可能になります。

ファイルからの読み込みの例として、ソースプログラムを読み込んで、それを表示するプログラムを作成してみましょう（リスト8-11）。

▼リスト8-11　ファイルの内容を表示するプログラム（PrintList.java）
```
1. import java.util.Scanner;
2. import java.io.FileReader;
3.
4. class PrintList {
5.     public static void main(String[] args) {
6.         FileReader fr = null;
7.
8.         try {
9.             fr = new FileReader("PrintList.java");
10.        } catch (Exception e) {
11.            System.out.println("Error!!!");
```

```
12.             System.exit(0);
13.         }
14. 
15.         Scanner sin = new Scanner(fr);
16.         while (sin.hasNext()) {
17.             String s = sin.nextLine();
18.             System.out.println(s);
19.         }
20.     }
21. }
```

実行結果が以下の**図8-12**のように表示されましたか？

```
コマンドプロンプト

c:¥src>javac PrintList.java

c:¥src>java PrintList
import java.util.Scanner;
import java.io.FileReader;

class PrintList {
  public static void main(String[] args) {
    FileReader fr = null;

    try {
      fr = new FileReader("PrintList.java");
    } catch (Exception e) {
      System.out.println("Error!!!");
      System.exit(0);
    }

    Scanner sin = new Scanner(fr);
    while (sin.hasNext()) {
      String s = sin.nextLine();
      System.out.println(s);
    }
  }
}

c:¥src>
```

●図8-12　PrintList.javaの実行結果

プログラムが少し長くなりましたので、個々の働きごとに説明を行います。

PrintList.javaを実行すると、ソースプログラムがそのまま表示されていることがわかります。これは、9行目のFileReader("PrintList.java")でファイルPrintList.javaを読み込む対象に設定しているからです。それをFileReaderクラスのfrと名付け、15行目でScannerに渡しています。

もし、PrintList.java以外のファイルを表示させるのであれば、9行目を表示させたいファイルの名前に変更することになります。

● ファイル message.txt を読み込むとしたら・・・

```
fr = new FileReader("message.txt");
```

TIPS

読み込むファイルは、「c:¥src」フォルダーに置いておく必要があります。それ以外の場所にあるファイルを読み込む場合、適切なパスの指定が必要になります。

文字列をファイルから1行まとめて読み込むときは**nextLine()**を使用します。ただし、ファイルのすべての行を読み込むにはnextLine()を繰り返さなくてはなりません。

そこで、while文を使ってこのnextLine()を繰り返し行うことにします。ファイルは何行で構成されているかを事前に知ることはできませんから、特定の回数ではなく「ファイルの最後まで」繰り返すと考えます。この「ファイルの最後」であるかどうかは、nextLine()で読み込むことのできるデータがまだ残っているかどうかで判断することができます。

この判定を行うのが**hasNext()**です。hasNext()はまだnextLine()を実行できる、つまり次の行が存在しているならばtrueを、そうでないならばfalseを返します。したがって、ファイルから1行ずつ読み込むためのプログラムは**リスト8-12**のようになります。

▼リスト8-12　16〜19行目（PrintList.java）

```
16.     while (sin.hasNext()){
17.         String s = sin.nextLine();
18.         System.out.println(s);
19.     }
```

なお、hasNext()はStringクラスで利用する命令で、他の型の場合は次のものを使います（**表8-03**）。

● 表8-03　次の読み込みが可能か調べるメソッド

型	メソッド
String	hasNext()
byte	hasNextByte()
short	hasNextShort()
int	hasNextInt()
long	hasNextLong()
float	hasNextFloat()
double	hasNextDouble()
boolean	hasNextBoolean()

8-5 new

PrintList.javaの9行目にnewというキーワードがありましたね。このnewはいったい何を意味しているのでしょう。

8-5-1 オブジェクトの生成

リスト8-11(PrintList.java)の6行目から13行目を見てみましょう(**リスト8-13**)。

▼リスト8-13 6～13行目(PrintList.java)

```
6.          FileReader fr = null;
7.
8.          try{
9.              fr = new FileReader("PrintList.java");
10.         } catch (Exception e) {
11.             System.out.println("Error!!");
12.             System.exit(0);
13.         }
```

9行目に、**new**(**ニュー**)というキーワードが出てきています。newは、データとそのデータで操作するための命令をひとまとめにした、オブジェクトというものの生成を行う演算子です。少々難しいかもしれませんが、FileReaderで考えてみましょう。FileReaderクラスのオブジェクト変数をfrとすると、このfrの宣言は次のように行うことができます。

●オブジェクト変数frの宣言

```
FileReader fr;
```

しかし、この部分ではオブジェクト変数の宣言だけなので、オブジェクトそのものは作られていないのです。「**frという名前は存在するものの、その中身はまだできていない**」と考えてください。そのため、プログラム中でfrを使おうとすると名前しかありませんので、実行することができずに実行時エラーになってしまいます。

newはクラスを元にオブジェクトを生成(これをインスタンス化といいます)し、生成されたオブジェクトは代入演算子によって、オブジェクト変数と結び付けられます。これで、生成されたオブジェクトを変数名で使うことができるのです。

●**newによるオブジェクトの作成**
```
fr = new FileReader("PrintList.java")
```

newの右側には、生成するオブジェクトのクラス名とオブジェクトを生成するときに使う**引数**が入ります。この例では、"PrintList.java"を引数としてFileReaderというオブジェクトを生成していることになります。この生成されたオブジェクトに、frという名前が付けられます(**図8-13**)。

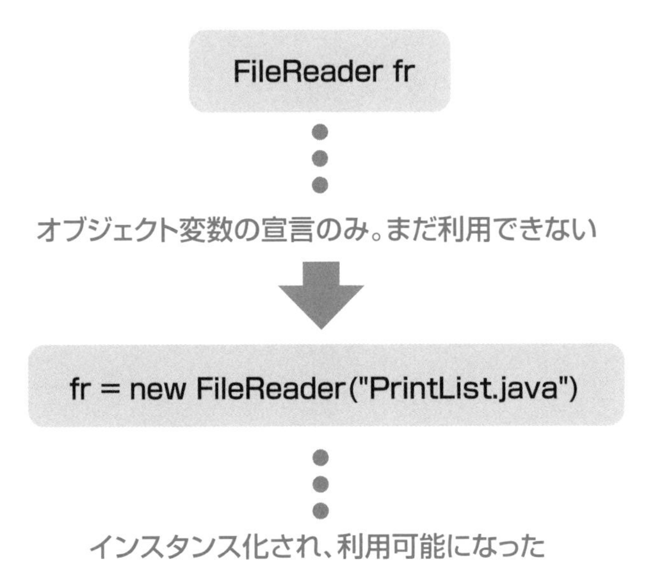

●**図8-13　オブジェクト生成**

Javaプログラムでは原則として5-2-2で示した型以外のものには、Stringを除いてすべてnewが必要になります。

Stringクラスは、例外的にnewを行わずにインスタンス化することができます。また、Mathクラスなど、インスタンス化を用いるものもあります。

8-6 例外処理

FileReaderを使ってScannerに渡すファイルを設定しましたが、もし指定したファイルが存在していなかったらどうなるでしょうか。プログラムを安全に動かすためにはもう一工夫必要になります。

8-6-1 try catch

Javaのプログラムは、プログラムの動作が正常に行われる状況だけを考えるのではなく、想定外の不測の事態(これを「**例外**」と呼びます)に備え、万一そのような状況が発生した場合にはどう対処するか、ということまでも記述をしなければなりません。

Javaが扱う例外は、メモリ不足などシステム自体の問題に起因する**Error**(エラー)と、プログラムに起因する**Exception**(イクセプション)の2種類に大別されます。ファイルが存在していないという例外はExceptionに属し、その中でも**IOException**(アイオーイクセプション)という入出力に関する例外になります。

今回は、ファイルを読み込む際に、そのファイルが存在しなかったという例外に対処してみましょう。

例外が発生する可能性がある場合、プログラムを中断するのか、そのまま継続するのかなど、例外発生後にどのような処理を行うのかを、**try catch**(トライ　キャッチ)という構文を使って記述します。try catchの基本的な書式を以下に示します。

構文

● try catchの書式

```
try {
    例外が発生する可能性のある処理;
} catch (例外の種類 変数名) {
    例外に対する処理;
}
```

例外が発生しそうな処理は、tryの{ }の中でためしに実行させてみて、例外が発生してしまったらcatch以降の処理が実施されるというわけです。

書式中の「例外の種類」とはIOExceptionなどの、Javaが認識する例外の名前を指します。IOException には0で割り算を行うなどの例外(Arithmetic

Exception)などは含まれませんが、単にExceptionと指定すると、すべてのExceptionが含まれます。

つまり、複数の例外が発生する可能性がある場合、次のような記述ができます。

構文

●書式(IOExceptionに対応)

```
try {
    例外が発生する可能性のある処理;
} catch (IOException e) {
    入出力に関する例外に対する処理;
}
```

構文

●書式(複数の例外に個別に対応)

```
try {
    例外が発生する可能性のある処理;
} catch (IOException e) {
    入出力に関する例外に対する処理;
} catch (ArithmeticException e) {
    算術演算に関する例外に対する処理;
}
```

構文

●書式(すべての例外に対応)

```
try {
    例外が発生する可能性のある処理;
} catch (Exception e) {
    例外に対する処理;
}
```

ただし、catchに記述する例外は、前から順番に実施されますから、次のように記述してしまうと、IOExceptionもArithmeticExceptionもどちらもExceptionとして最初のcatchに補足され「例外に対する処理」だけが実行されることになります。

構文

●書式(誤った例外の書き方)

```
try {
    例外が発生する可能性のある処理;
} catch (Exception e) {
    例外に対する処理;
} catch (IOException e) {                  ┐
    入出力に関する例外に対する処理;          ├── これらが動作することはない
} catch (ArithmeticException e) {          │
    算術演算に関する例外に対する処理;        ┘
}
```

try catchを利用したプログラムが**リスト8-11**(PrintList.java)の8行目から13行目になります(**リスト8-14**)。

▼ リスト8-14　8〜13行目(PrintList.java)

```
 8. try {
 9.     fr = new FileReader("PrintList.java");
10. } catch (Exception e) {
11.     System.out.println("ファイルが見つかりません。");
12.     System.exit(0);
13. }
```

エラーメッセージを表示

プログラムを終了させるコード

PrintList.javaでは、FileReaderでファイルを指定した際に例外が発生したら、「ファイルが見つかりません。」というメッセージを表示させ、System.exit(0)でプログラムを終了するようにしています。したがって、ファイルが存在しなかった場合などは、それ以降にあるScannerの処理は全く実行されない、ということになります。

TIPS

「System.exit(0);」というコードは、プログラムを終了させるコードです。

要点整理

- コマンドライン引数を使うと、プログラムの実行時にプログラムに値を渡すことができる。
- コマンドライン引数は配列argsに格納される。
- コマンドライン引数の数はargs.lengthで調べることができる。
- 配列に格納されたすべての値を処理するときは、拡張for文を使用するとよい。
- Scannerを使うと、プログラムの実行中にデータを入力することができる。
- パッケージとは、関連の深いプログラムを集めたものである。
- パッケージの利用はimportキーワードを使いインポートをすることで行う。
- パッケージ内のクラスをすべてインポートするには「*」を使う。
- newキーワードを使うことにより、オブジェクトを生成することができる。
- プログラムに予期していないデータが入力されるなどの予想外の事態を「例外」と呼ぶ。
- 例外処理のプログラムは「try〜catch」文を使うことにより記述する。

練習問題

問題1. 次のプログラム内の①②③をそれぞれ埋め、コマンドライン引数の数と、その値を表示するプログラムを完成させなさい。

▼リスト8-15　練習問題1

```
1. class Renshu81 {
2.     public static void main(String[] args) {
3.         System.out.println("コマンドライン引数の数は"+[  ①  ]+"個です。");
4.
5.         for (String s : [  ②  ]) {
6.             System.out.println([  ③  ]);
7.         }
8.     }
9. }
```

問題2. 図8-14の実行結果のように、コマンドライン引数として入力した文字列の長さを表示するプログラムを作成しなさい。ただし、args[i]に格納されている文字列の長さはargs[i].length()で取得することができる。

```
コマンドプロンプト

c:¥src>javac -encoding UTF-8 Renshu82.java

c:¥src>java Renshu82 Sasaki Doi
Sasakiは6文字です。
Doiは3文字です。

c:¥src>_
```

●図8-14　練習問題2

問題3. PrintList.javaを改良して、図8-15の実行結果のようにプログラムの前に行番号を追加して表示するプログラムを作成しなさい。

```
コマンド プロンプト

c:¥src>javac Renshu83.java

c:¥src>java Renshu83
1: import java.util.Scanner;
2: import java.io.FileReader;
3:
4: class PrintList {
5:   public static void main(String[] args) {
6:     FileReader fr = null;
7:
8:     try {
9:       fr = new FileReader("PrintList.java");
10:     } catch (Exception e) {
11:       System.out.println("Error!!!");
12:       System.exit(0);
13:     }
14:
15:     Scanner sin = new Scanner(fr);
16:     while (sin.hasNext()) {
17:       String s = sin.nextLine();
18:       System.out.println(s);
19:     }
20:   }
21: }

c:¥src>
```

● 図8-15　練習問題3

問題4. 問題3で作成したプログラムRenshu83.javaを元に、次に示すようにコマンドライン引数で指定したファイルを読み込み、その内容を行番号付きで表示させるプログラムを作成しなさい。

● **実行方法**

```
java Renshu84 Renshu83.java
```

索引

記号

A・B・C

D・E・F

H

I

J

L・M・N・O

■ **著者紹介**

佐々木 整（ささき ひとし）

1968年生まれ　岩手県出身　拓殖大学工学部教授

まだ20世紀だった頃にNSUG（日本サン・ユーザー・グループ）の会報にあった特集記事で読んだのが、Javaを知ったきっかけ。当時はC言語（GCC）とPascal（Turbo Pascal）をメインに使用していたので、世界初のJava IDEといわれるteikadeを使いながら「凄い時代がやってきた！」と感動していたのを、昨日のことのように思い出す。

● **主な著書**

「本格学習Java入門[改訂3版]」（技術評論社）
「改訂新版 よくわかる情報リテラシー（標準教科書）」（技術評論社）
「IT Text 情報とネットワーク社会」（オーム社）
「IT Text 情報とコンピュータ」（オーム社）

デザイン・装丁 ● 吉村 朋子
レイアウト ● 技術評論社　制作業務部
編集 ● 土井 清志

■**サポートホームページ**

本書の内容について、弊社ホームページでサポート情報を公開しています。
http://gihyo.jp/book/2020/978-4-297-11484-8/support

ゼロからわかる　Java（ジャヴァ）超入門（ちょうにゅうもん）
[改訂3版（かいていさんはん）]

2009年10月 5 日　初　版　第1刷発行
2020年 8 月13日　第3版　第1刷発行

著　者　佐々木（ささき）　整（ひとし）
発行者　片岡　巌
発行所　株式会社技術評論社
東京都新宿区市谷左内町21-13
電話　03-3513-6150　販売促進部
03-3513-6160　書籍編集部
製本／印刷　図書印刷株式会社

定価はカバーに印刷してあります

ISBN978-4-297-11484-8　C3055
Printed in Japan

■ **お問い合わせについて**

ご質問は本書の記載内容に関するものに限定させていただきます。本書の内容と関係のない事項、個別のケースへの対応、プログラムの改造や改良などに関するご質問には一切お答えできません。なお、電話でのご質問は受け付けておりませんので、FAX・書面・弊社Webサイトの質問用フォームのいずれかをご利用ください。ご質問の際には書名・該当ページ・返信先・ご質問内容を明記していただくようお願いします。
ご質問にはできる限り迅速に回答するよう努力しておりますが、内容によっては回答までに日数を要する場合があります。回答の期日や時間を指定しても、ご希望に沿えるとは限りませんので、あらかじめご了承ください。

● **問い合わせ先**

〒162-0846　東京都新宿区市谷左内町21-13
株式会社技術評論社　書籍編集部
「ゼロからわかる　Java超入門　[改訂3版]」質問係
FAX番号　03-3513-6167
https://book.gihyo.jp/116

なお、ご質問の際に記載いただいた個人情報は、ご質問の返答以外の目的には使用いたしません。また、返答後は速やかに破棄させていただきます。

解答・解説集

▶ この解答・解説集は、3～8章の各章末の練習問題の解答です。
▶ 薄く糊付けしてありますが、本書より取り外して使用することもできます。

CHAPTER 3　練習問題　P.67～68

問題 1

答え　④

解説　①はクラス名定義の制約をすべて満たしており、クラス名として使用できます。②はJava予約語の1つであるdoを含んでいますが、クラス名の一部として使用しているので問題はありません。③はJava予約語のnewとJava予約語のinterfaceを組み合わせたものです。それぞれが予約語であっても組み合わせて使用しているのであれば問題ありません。④はJava予約語です。

クラス名に関しては3-1-2をご覧ください。

問題 2

答え　③

解説　①は「'」を意味するエスケープシーケンス、②は「¥」マークを意味するエスケープシーケンス、③はタブを意味するエスケープシーケンス、④は改行を意味するエスケープシーケンスとなります。

エスケープシーケンスに関しては3-3-2をご覧ください。

問題 3

答え

```
1. class Renshu33 {
2.     public static void main(String[] args){
3.         System.out.println("Renshu!!!");
4.     }
5. }
```

解説　4行目に閉じ括弧を1つ加えました。この括弧は2行目の開き括弧と対応しています。2行目から4行目まででmainメソッドの範囲、1行目から5行目まででクラスRenshu33の範囲を示しているのです。

クラスやメソッドの範囲（ブロック）に関しては3-1-6をご覧ください。

問題 4

答え

```
1. class Renshu34 {
2.     public static void main(String[] args) {
```

```
3.         System.out.print("Hello Java World!!");
4.         System.out.println();
5.     }
6. }
```

解説 1行の文字列表示を行うプログラムです。プログラムの基本スタイルに従ってプログラミングを行います。表示する文字列は1行のみです。従ってプログラムの基本スタイルの中に3行目の処理を記述すればよいだけです。printlnは()の中身を表示し、改行するメソッドでした。()の中に何も含まれていないのであれば、改行だけが行われます。

プログラムの基本スタイルについては3-1を、1行の文字列表示については3-2-2をご覧ください。

問題5

答え

```
1. class Renshu35 {
2.     public static void main(String[] args){
3.         System.out.println("       *");
4.         System.out.println("      ***");
5.         System.out.println("     *****");
6.         System.out.println("    *******");
7.         System.out.println("   *********");
8.         System.out.println("       *");
9.         System.out.println("       *");
10.        System.out.println("¥"¥"¥"¥"¥"¥"¥"¥"¥"¥"¥"¥"¥"¥"");
11.    }
12. }
```

解説 複数行の文字列の表示を行っています。特に注意しなくてはならないのは10行目です。

```
10. System.out.println("¥"¥"¥"¥"¥"¥"¥"¥"¥"¥"¥"¥"¥"¥"");
```

「¥」マークが入っています。これはエスケープシーケンスです。ここからここまでを表示します、という意味の「"」と、表示するそのものの文字としての「"」を、表示する「"」の方を「¥"」とすることで区別しているのです。

複数行の文字列の表示に関しては3-2を、エスケープシーケンスに関しては3-3-2をご覧ください。

問題6

答え

```
1. class Renshu36 {
2.     public static void main(String[] args){
3.         System.out.print("Good morning.¥n");
4.         System.out.print("Good afternoon.¥n");
5.         System.out.println("Good evening.");
6.     }
7. }
```

解説 3行目に誤りがあります。

```
3. System.out.print(''Good morning.'');
```

リスト3-19のプログラムでは「"」ではなく、「'」が2つ並べられています。

また、指定されている結果を導き出すためには改行をしなくてはなりません。printメソッドをprintlnにするか、または、改行を意味するエスケープシーケンスを書き加える必要があります。

5〜6行目にも誤りがあります。

```
5. System.out.print("Good evening.
6.                  ");
```

1つの命令は1行で記述しなくてはいけませんが、Good evening.の後に改行が行われ、次の行に「");」と記述されています。

プログラムの基本スタイルについては3-1を、複数行の文字列の表示に関しては3-2を、エスケープシーケンスに関しては3-3-2をご覧ください。

CHAPTER 4 練習問題 P.92〜94

問題 1

答え ①

解説 算術演算子の優先順位を問う問題です。四則演算の優先順位は、足し算や引き算よりも掛け算や割り算が高くなります。問題の中では足し算が最も優先順位が低くなります。

演算子の優先順位に関しては4-2-2をご覧ください。

問題 2

答え ① 123 + 456

② 789 – 123 + "Goodmorning"

③ 123 * 456 + " " + "Good" + " " + "morning"

解説 ①は数値同士の基本的な足し算を行っています。引数が「"」で囲まれていないため足し算の結果として数値が表示されます。②は数値と文字列の足し算を行っています。数値の計算結果と文字列は、数値の計算結果が文字列に変換され、文字列同士の足し算として結果が表示されます。③は、②で行った足し算と基本的には変わりませんが、「" "」を加えることによって半角スペースを文字列の中に入れています。

数値の足し算に関しては4-2-1を、文字列と数値の足し算に関しては4-4-2をご覧ください。

問題 3

答え ① 1/5+1/5+1/5　② 1./5+1./5+1./5

解説 同じ1/5を計算しているのですが、答えに違いが出ます。これは扱っている値が整数であるのか実数であるのかの違いです。

4行目を見てください。

```
4. System.out.println(1/5+1/5+1/5);
```

4行目は整数を計算して表示しています。Javaの世界においては整数同士を割り算すると、その答えも整数になります。「1/5」は整数同士を計算していますので、答えも整数の「0」になります。ここでは「0+0+0」を計算しているわけです。

7行目を見てください。

```
7. System.out.println(1./5+1./5+1./5);
```

7行目は実数の計算です。実数は計算の際、どちらか一方が実数であるか、両方が実数であれば答えも実数になります。「1.」は「1.0」を意味しています。よって小数点以下の計算も行われるため結果が4行目と異なるのです。「1/5.0」や「1.0/5.0」でも同様の結果が得られます。

整数の演算、実数の演算に関しては4-3-2をご覧ください。

問題 4

答え ①('B'+1)　②'B'+1

解説 文字と数値、文字列と数値の計算、そして演算子の優先順位の問題です。

3行目を見てください。

```
3. System.out.println("'B' + 1 = " + ('B'+1));
```

('B'+1) がまず計算されます。文字'B'はUnicodeで数値66と判断されます。よって演算結果が67とされるのです。

4行目を見てください。

```
4. System.out.println("'B' + 1 = " + 'B'+1);
```

こちらの場合は、左から順番に演算が行われています。文字列"'B' + 1 ="と文字'B'がまず足し算されます。よって、標準出力の結果が「'B' + 1 = B1」となるのです。

詳しくは4-4-3をご覧ください。

問題 5

答え ①456/123　②456%123

解説 割り算は「÷」ではなく「／」を用いて計算します。また、割り算の余りの計算は「%」を用います。

問題 6

答え

```
1. class Renshu46 {
2.     public static void main(String[] args) {
3.         System.out.println(456 + "÷" + 123 + '='  + (456/123));
```

```
4.     }
5. }
```

解説 この問題は、実は割り算の問題ではなく文字(列)の足し算の問題なのです。'÷'や'='のように、文字として扱われているので、文字コードの演算が行われます。実行結果のような表示にするには、最初の足し算が行われるときに、文字列としての足し算になるようにすればよいので、"÷"とします。

CHAPTER 5　練習問題　P.132〜134

問題1

答え ① byte　② short　③ int　④ long

解説 変数型には整数型、実数型、論理型、文字型、があります。これらのうち問題1で扱った変数型は整数型です。

整数型変数に関しては5-3をご覧ください。

問題2

答え ②

解説 ①は2文字目が「=」となっています。変数名に記号は使用できません。よって変数として使用できません。②は変数宣言の条件を満たしています。よって変数として使用できます。③は1文字目が数値となっています。変数名の1文字目は文字でなくてはなりません。よって変数として使用できません。④はJavaの予約語です。クラス名と同様、予約語は変数名には使用できません。

詳しくは、5-2-3をご覧ください。

問題3

答え

```
1. class Renshu53 {
2.     public static void main(String[] args){
3.         int x;
4.         double y;
5.         char z;
6.
7.         x = (int)(1.0/2.0);
8.         y = (double)1/2;
9.         z = (char)66;
10.
11.        System.out.println("x = " + x);
12.        System.out.println("y = " + y);
13.        System.out.println("z = " + z);
14.    }
15. }
```

解説 7〜9行目を変更しました。

```
7. x = (int)(1.0/2.0);
8. y = (double)1/2;
9. z = (char)66;
```

変数に値を代入する際にキャストをする処理を書き加えています。3～5行目の変数宣言の際に宣言されている変数型に合わせて変数が代入されるようにキャストを行わなければなりません。

また、変数zに代入されている数値66はchar型にキャストされることにより、文字コード「B」として扱われて、代入されています。

キャストに関しては5-2-5をご覧ください。

問題4

答え

```
1. class Renshu54 {
2.     public static void main(String[] args){
3.         int a,b,c;
4.         int tmp,tmp2;
5. 
6.         a = 100;
7.         b = 200;
8.         c = 300;
9. 
10.        tmp = a;
11.        a = c;
12.        tmp2 = b;
13.        b = tmp;
14.        c = tmp2;
15. 
16.        System.out.println("a = " + a);
17.        System.out.println("b = " + b);
18.        System.out.println("c = " + c);
19.    }
20. }
```

解説 変数の値の入れ替えを行う問題です。重要なのは4行目と10～14行目です。変数には値が1つしか入りません。変数は代入が行われると、それまで持っていた値を上書きしてしまいます。変数の値の入れ替えを行うためには一時的に変数を格納しておくための別の変数が必要になるのです。

4行目を見てください。値を一時的に保管しておくための変数を宣言しています。この問題では2回入れ替えを行うため、2つの変数を宣言しています。

```
4. int tmp,tmp2;
```

この問題では、変数aに変数cの値を、変数bに変数aの値を、変数cに変数bの値をそれぞれ代入しています。では、10行目から順にプログラムを追ってみましょう。

10行目を見てください。変数aの値を一時保管変数tmpに代入しています。いきなり変数aに変数cを代入してしまうと変数aの値が上書きされてしまい消えてしまいます。

```
10. tmp = a;
```

11行目を見てください。変数aの値は変数tmpにコピーされたので、変数aに変数cの値を代入します。

```
11. a = c;
```

12行目を見てください。10行目と同様に変数bの値を変数tmp2にコピーします。

```
12. tmp2 = b;
```

ここで、変数tmpに変数aの値が、変数tmp2に変数bの値が代入されたので、あとは変数bと変数cに値を代入するだけです。

13～14行目で、変数bに変数tmp（aの値）を変数cに変数tmp2（bの値）を代入すれば、すべての入れ替え完了です。

```
13. b = tmp;
14. c = tmp2;
```

変数の入れ替え処理に関しては、5-2-6をご覧ください。

問題5

答え ① double　② weight　③ height　④ +

解説 このプログラムでは身長、体重、肥満度を実数で扱わなければなりません。実数を扱うことのできる型はdoubleとfloatですが、身長や体重が1.75のように接尾辞がなく使われているので、これらの値はdouble型として扱います。

変数の値と文字列を結合するためには、演算子+を使用します。結合後は文字列になるので、表示されるものは身長などの数値を含んでいても、それらは文字列として表示されているという点にも注意しましょう。

問題6

答え

```
 1. class Renshu56 {
 2.     public static void main(String[] args) {
 3.         var height = 1.75;
 4.         var weight = 65.0;
 5.         var bmi = weight / (height * height);
 6. 
 7.         System.out.print("身長" + height + "m、体重" + weight + "kgの人の肥満度は");
 8.         System.out.println(bmi + "です。");
 9.     }
10. }
```

解説 問題5では、double height、weight、bmiと、同じ型の変数はまとめて宣言をしていましたが、varによる型推論を行うためには、3行目から5行目のように1つずつ変数宣言と初期化を行わなければなりません。

CHAPTER 6　練習問題

P.157〜158

問題 1

答え ④

解説 ①は、「等しくない」を表す「!=」が使われています。「aは58と等しくない。」という意味なので、結果はtrueを返します。

②は、「かつ」を表す「&&」が使われています。「aは55より大きく、かつaは80より小さい。」という意味になります。よって結果はtrueを返します。

③は、「または」を表す「||」と「&&」が使われています。&&を挟んだ左辺を見てください。左辺は「(a != 66) || (a <= 55)」です。「aは66ではない。または、55以下である。」という意味になります。aは56であり55以下ではありませんが、66ではないという条件には当てはまりますので、こちらの条件はtrueとなります。続いて右辺を見てください。右辺は「((a > 50) && (a < 60))」だから、「aは50より大きく、かつ60より小さい。」という意味です。よって右辺の条件はtrueとなります。さらに右辺と左辺の結果が共にtrueとなりますので、返される結果はtrueとなります。

④も、「||」と「&&」が使われています。&&を挟んだ左辺を見てください。「(a > 32)」で「aは32より大きい」という意味なので、結果はtrueです。右辺は「(a > 66) || (a < 50)」で、「aは66より大きい。または、50より小さい。」という意味なので、右辺の結果はfalseです。右辺と左辺の演算は「&&」で行われていますので、返される結果はfalseとなります。

関係演算子に関しては6-1-2を、論理演算子に関しては6-1-4をご覧ください。

問題 2

答え

```
1.  class Renshu62 {
2.      public static void main(String[] args){
3.          double height, weight, fat;
4.
5.          height = 1.75;
6.          weight = 22 * height * height;
7.          fat = (70 - weight) / weight * 100;
8.
9.          System.out.println("あなたの肥満率は" + (int)fat + "%です。");
10.
11.         if (fat >= 20){
12.             System.out.println("あなたは太りすぎです。");
13.         } else {
14.             if (fat < -10){
15.                 System.out.println("あなたはやせすぎです。");
16.             } else {
17.                 if ((fat >= -10) && (fat < 10)){
```

```
18.                     System.out.println("あなたは普通です。");
19.                 } else {
20.                     if ((fat >= 10) && (fat < 20)){
21.                         System.out.println("あなたは太り気味です。");
22.                     }
23.                 }
24.             }
25.         }
26.     }
27. }
```

解説 まず、17行目を見てください。

```
17. if ((fat >= -10) && (fat < 10)){
```

問題のサンプルプログラムの場合、–10%以上20%未満の人が普通でした。しかし、10%以上20%未満の人を太り気味と判定しなくてはならないため、条件式の範囲を変更しなくてはなりません。そこで、この普通と判定される人の条件式を「–10%以上10%未満」に書き換えるのです。

「–10%以上10%未満」は論理演算子を用いて表現するには「–10%以上であり、かつ10%未満である」と表現する必要があります。よって17行目のように記述されるわけです。

次に19～21行目までを見てください。

```
19. } else {
20.     if ((fat >= 10) && (fat < 20)){
21.         System.out.println("あなたは太り気味です。");
```

else文を書き加えています。肥満度が20%以上でもなく、–10%未満でもなく、–10%以上10%未満でもなく、もし10%以上20%未満であれば、太り気味であることを伝えるというメッセージを追加しています。

if else文の記述方法に関しては6-1-5をご覧ください。

プログラムは簡潔でわかりやすいものが好まれることはいうまでもありません。このことを考えると、このプログラムはあまり綺麗なものとはいえません。少し括弧{}が多すぎるとは思いませんか？このプログラムは次のRenshu622.javaのようにも記述できます。

```
 1. class Renshu622 {
 2.     public static void main(String[] args) {
 3.         double height, weight, fat;
 4. 
 5.         height = 1.75;
 6.         weight = 22 * height * height;
 7.         fat = (70 - weight) / weight * 100;
 8. 
 9.         System.out.println("あなたの肥満率は" + (int)fat + "%です。");
10.         if (fat >= 20) {
11.             System.out.println("あなたは太りすぎです。");
12.         } else if (fat < -10) {
```

```
13.             System.out.println("あなたはやせすぎです");
14.         } else if (fat < 10) {
15.             System.out.println("あなたは普通です。");
16.         } else if (fat < 20) {
17.             System.out.println("あなたは太り気味です。");
18.         }
19.     }
20. }
```

本書ではif else文を紹介しましたね。同様に、else if文の書式も覚えておきましょう。

● else if

```
if (条件式a){
    条件aが正しいときに実行する内容;
} else if (条件式b){
    条件aではなく条件bが正しいときに実行する内容;
}
```

条件分岐が複雑な場合、この書式の方が、わかりやすく見やすいプログラムが記述できます。

問題3

答え その1

```
1. class Renshu631 {
2.     public static void main(String[] args) {
3.         int month, day;
4. 
5.         month = 11;
6. 
7.         switch(month) {
8.             case 2: day = 28;
9.                 break;
10.            case 4:
11.            case 6:
12.            case 9:
13.            case 11: day = 30;
14.                break;
15.            default: day = 31;
16.        }
17.
18.        System.out.println(month + "月は" + day + "日あります。");
19.    }
20. }
```

答え その2

```
1. class Renshu632 {
2.     public static void main(String[] args) {
3.         int month, day;
4. 
```

```
 5.         month = 11;
 6.         switch(month) {
 7.             case 2: day = 28;
 8.                   break;
 9.             case 4, 6, 9, 11: day = 30;
10.                   break;
11.             default: day = 31;
12.         }
13.
14.         System.out.println(month + "月は" + day + "日あります。");
15.     }
16. }
```

解説 9行目と14行目にbreak;が入っていることに注意してください。このbreak；がないと、monthがどんな値であっても、必ずdayの値は31になってしまいます。一方で、case 4:からcase 9:まではbreak；がないので、case 11：までがひとまとめになっていることにも注意しましょう。いずれの場合でもdayの値は30になります。switch文に関しては、6-2を参照してください。

また、答えその1の11行目か13行目は、答えその2の9行目のように,(カンマ)で区切ることで1つのcaseにまとめることができます。

問題4

答え

```
 1. class Renshu64 {
 2.     public static void main(String[] args) {
 3.         int month, day;
 4.
 5.         month = 11;
 6.         switch(month) {
 7.             case 2 -> day = 28;
 8.             case 4, 6, 9, 11 -> day = 30;
 9.             default -> day = 31;
10.         }
11.
12.         System.out.println(month + "月は" + day + "日あります。");
13.     }
14. }
```

解説 caseは該当したところから処理が始まり、それ以降のcaseでの処理を含めて処理が実行されます(これを「フォールスルー」と呼びます)。そのため、switchから抜け出すためにbreakが必要でしたが、アロー構文を使った場合、次のcaseに処理が移らないので、breakが必要ありません。

問題5

答え その1 (yieldを使う場合)

```
 1. class Renshu651 {
 2.     public static void main(String[] args) {
```

```
 3.         int month, day;
 4. 
 5.         month = 11;
 6.         day = switch (month) {
 7.             case 2 : yield 28;
 8.             case 4, 6, 9, 11 : yield 30;
 9.             default : yield 31;
10.         };
11. 
12.         System.out.println(month + "月は" + day + "日あります。");
13.     }
14. }
```

答え その2（yieldを使わない場合）

```
 1. class Renshu652 {
 2.     public static void main(String[] args) {
 3.         int month, day;
 4. 
 5.         month = 11;
 6.         day = switch (month) {
 7.             case 2 -> 28;
 8.             case 4, 6, 9, 11 -> 30;
 9.             default -> 31;
10.         };
11. 
12.         System.out.println(month + "月は" + day + "日あります。");
13.     }
14. }
```

解説 答えその1では、:を使っているので、yieldの後に値を記述しています。一方、答えその2では、->を使っているので、そのまま値を記述していることに注意してください。また、6行目から10目は、変数dayへの代入を行う命令です。そのため、switchの}（閉じ括弧）の後に;（セミコロン）を付けることを忘れないようにしましょう。

CHAPTER 7 練習問題 P.178～179

問題1

答え ① i=1　② <=　③ i+2　④ sum + i (i+sumでも可)

解説 ①で変数iを1に初期化しています。②で繰り返しの条件をi<=10にしています。③で2つずつiを増やしています。奇数の合計を計算するために、sum + iとしています。

問題2

答え

```
1. class Renshu72 {
2.     public static void main(String[] args){
```

```
3.         int i;
4.         String s = "";
5.
6.         for (i = 0; i < 10; i++){
7.             s = s + "*";
8.             System.out.println(s);
9.         }
10.     }
11. }
```

解説 このプログラムはfor文中において変数を活用する例です。1行ごとに「*」を1つずつ増やしてコマンドラインに表示させています。

6〜9行目までを見てください。

```
6. for (i = 0; i < 10; i++){
7.     s = s + "*";
8.     System.out.println(s);
9. }
```

4行目で用意したStringクラスのオブジェクトsに文字列「*」を格納していきます。

しかし、処理が行われるごとに「*」の数を1つずつ増やしていかなければなりません。そこで、7行目のような計算式を使っているのです。

```
7. s = s + "*";
```

処理が行われるごとに「s」に格納される「*」が1つずつ増えていきます。

for文内の変数の活用に関しては7-2-2をご覧ください。

問題3

答え

```
1. class Renshu731 {
2.     public static void main(String[] args){
3.         int i, sum;
4.         i = 1;
5.         sum = 0;
6.
7.         while ( i <= 10 ){
8.             sum = sum + i;
9.             System.out.println("累計: " + sum);
10.            i++;
11.        }
12.        System.out.println("合計: " + sum);
13.    }
14. }
```

解説 for文をwhile文に書き直す問題です。新たにRenshu731.javaを作成します。

4行目を見てください。

```
4. i = 1;
```

for文においては、for(条件式)における条件式内において変数(今回の場合はi)を初期化していました。しかし、while文の場合while(条件式)における条件式内には繰り返しの回数しか指定できません。そのため、繰り返し処理を行う前に変数を初期化しておく必要が生じるのです。

10行目を見てください。

```
10. i++;
```

同じくfor文においては条件式内で指定していたものです。変数の値を1増やすことを意味しています。

インクリメント演算子に関しては7-2-3を、while文の書式に関しては7-3をご覧ください。

問題4

答え

```
1.  class Renshu74 {
2.    public static void main(String[] args) {
3.      for(int i=0; i<10; i++) {
4.        String s = "";
5.        for (int j=0; j<10; j++) {
6.          if (i <= j) {
7.            s = s + "*";
8.          } else {
9.            s = s + "$";
10.         }
11.       }
12.       System.out.println(s);
13.     }
14.   }
15. }
```

解説 1行には10個の文字が並びますが、1つ目(外側)のfor文では、1行あたり*をいくつ書くのかを決め、2つ目(内側)のfor文で残りの数だけ$を書くようにしています。また、1行ずつ*と$の数が変わるので、4行目の初期化String s = "";が1つ目のfor文で行われていることにも注意をしてください。

CHAPTER 8 練習問題 P.203～204

問題1

答え ① args.length ② args ③ s

解説 配列に格納されている値の数は配列名.lengthで取得することができます。配列argsにコマンドライン引数が格納されているので、args.lengthでコマンドライン引数が何個与えられたのかを取得できます。配列に格納された値を順番にすべて取り出すときは、拡張for文を使用すると便利です。

配列argsから値を1つずつ（args[0]から順番に）取り出し、それを文字列を扱うString型の変数sに代入するので、②にはargsが、③にはsが入ります。

問題2

答え

```
1. class Renshu82 {
2.     public static void main(String[] args) {
3.         for (int i = 0; i < args.length; i++) {
4.             System.out.println(args[i] + "は" + args[i].length() + "文字です。");
5.         }
6.     }
7. }
```

解説 Stringクラスの配列argsの要素の数はargs.lengthで求めることができますが、args[0]やargs[1]のそれぞれに格納されている文字列の長さはlength( )メソッドを使って取得しなければなりません。.lengthと.length( )は見た目ではほとんど違いがありませんが、意味が全く異なりますから注意してください。解答例では、4行目でargs[i].length( )としてi番目の引数の文字数を数えargs[i]とともに表示を行っています。

問題3

答え

```
1. import java.util.Scanner;
2. import java.io.FileReader;
3.
4. class Renshu83 {
5.     public static void main(String[] args){
6.         FileReader fr = null;
7.
8.         try {
9.             fr = new FileReader("PrintList.java");
10.        } catch (Exception e) {
11.            System.out.println("ファイルが見つかりません。");
12.            System.exit(0);
13.        }
14.
15.        Scanner sin = new Scanner(fr);
16.        int i;
17.        i = 1;
18.        while (sin.hasNext()) {
19.            String s = sin.nextLine();
20.            System.out.println(i + ": " + s);
21.            i++;
22.        }
23.    }
24. }
```

解説 ファイルの読み込みの部分は、PrintList.javaをそのまま利用すればよいので、この問題で考えなければならないのは、行番号をどのように付けていくかということです。プログラムリストの行数を事前に数えてプログラムの中に埋め込んでおく訳にはいきませんから、回数を指定した繰り返しでこれを実現することは適切ではありません。そこで、while文による繰り返しの中で、行数を数えることになります。

16行目で整数型の変数iを宣言し、17行目でその値を1に設定しています。20行目のSystem.out.println( )でファイルから読み込んできた行を表示する前に、変数iの値を行頭に足しています。その後、iの値を1増やして次の行の表示に備えています。

問題4

答え

```
1. import java.util.Scanner;
2. import java.io.FileReader;
3.
4. class Renshu84 {
5.     public static void main(String[] args)  {
6.         FileReader fr = null;
7.
8.         try {
9.             fr = new FileReader(args[0]);
10.        } catch (Exception e) {
11.            System.out.println("ファイルが見つかりません。");
12.            System.exit(0);
13.        }
14.
15.        Scanner sin = new Scanner(fr);
16.        int i;
17.        i = 1;
18.        while (sin.hasNext()) {
19.            String s = sin.nextLine();
20.            System.out.println(i + ": " + s);
21.            i++;
22.        }
23.    }
24. }
```

解説 コマンドライン引数からファイル名を指定するので、9行目でのFileReader( )メソッドでargs[0]を指定しています。この他は、Renshu83.javaと同じ処理になります。

もし、複数のファイルを指定できるようにするのならば、リスト8-03のHelloName3.javaや問題1の解答を参考にして、while( )文を使って8行目から22行目を繰り返すようにしてみましょう。